四川省资阳师范学校校本教材

计算机应用基础（上）

主　编　尹建波

副主编　郭　辉　胡庆勇

北京理工大学出版社
BEIJING INSTITUTE OF TECHNOLOGY PRESS

图书在版编目（CIP）数据

计算机应用基础 . 上 / 尹建波主编 . — 北京：北京理工大学出版社，2020.8 重印

ISBN 978-7-5682-1892-4

Ⅰ . ①计… Ⅱ . ①尹… Ⅲ . ①电子计算机 – 高等学校 – 教材 Ⅳ . ① TP3

中国版本图书馆 CIP 数据核字（2016）第 024513 号

出版发行 / 北京理工大学出版社有限责任公司
社　　址 / 北京市海淀区中关村南大街 5 号
邮　　编 / 100081
电　　话 /（010）68914775（总编室）
　　　　　（010）82562903（教材售后服务热线）
　　　　　（010）68948351（其他图书服务热线）
网　　址 / http：//www.bitpress.com.cn
经　　销 / 全国各地新华书店
印　　刷 / 定州市新华印刷有限公司
开　　本 / 787 毫米 × 1092 毫米　1/16
印　　张 / 11.5　　　　　　　　　　　　　　　　责任编辑 / 张荣君
字　　数 / 266 千字　　　　　　　　　　　　　　文案编辑 / 张荣君
版　　次 / 2020 年 8 月第 1 版第 2 次印刷　　　　责任校对 / 周瑞红
定　　价 / 32.00 元　　　　　　　　　　　　　　责任印制 / 边心超

随着计算机应用技术的不断发展，计算机在人们工作、学习和社会生活的各个方面正发挥着越来越重要的作用。使用计算机已经成为各行各业劳动者必备的基本技能，计算机应用基础已成为职业院校各专业的文化基础公共课程。职业院校所教授的计算机应用技能也是学生毕业后参加工作的必备技能。对于以就业为导向、培养中高等技术人才和高素质劳动者的职业院校来说，让每一位学生了解计算机应用的基础知识，掌握计算机应用的基本操作技能是一项十分重要的教学任务。

根据教育部 2009 年颁布的"计算机应用基础教学大纲"的精神，计算机应础课程的主要任务是：使学生掌握必备的计算机应用基础知识和基本技能，培养学生使用计算机解决工作与生活中实际问题的能力；使学生初步具有运用计算机学习的能力，为其职业生涯的发展和终身学习奠定基础；提升学生的信息素养，使学生了解并遵守相关法律法规、信息道德及信息安全准则，培养学生成为信息社会的合格公民。

本书具有以下特点：

（1）将知识阐述和实际应用紧密结合。针对以应用知识和技能介绍为主的章节，均配以应用任务作为范例讲解。一旦章节中的知识阐述完毕，配合的应用任务亦操作完成。

（2）在技术教学的同时渗透计算机基础理论的内容。知识的安排上，把必须掌握的计算机基础知识采用分散、渗透的方法，将枯燥、难懂的基础知识和原理溶解在实际操作中，可以起到分散教学难点，增强了教材的可读性的作用。

（3）以操作技术为教学核心。计算机应用基础是一门操作性强的学科，通过以操作技术为教学核心，使学生了解和掌握计算机应用的基础知识和基本技能，达到应用计算机初步能力的目的，并以此提高学生的科学文化素质。为此，我们在教材中，采用大量图示，详尽直观的指示操作过程，使教材内容形象、生动，增强了教材的可读性和实用性。

由于编者水平有限，时间又比较仓促，书中肯定存在不足甚至错误之处，恳请读者提出宝贵意见。

编　者

CONTENTS // 目 录 //

CONTENTS

计算机基础知识

计算机基础知识计算机是 20 世纪重大的发明之一，计算机技术的应用范围，从最初的军事领域迅速扩展到社会生活的方方面面，计算机科学是发展最快的一门学科。计算机及其相关技术的迅猛发展极大程度地冲击着人类创造的物质基础、思维方式和信息交流手段，冲击着人类生活的各个领域，改变着人们的思维观念和生存方式。因此，掌握计算机的使用，是学习、工作和生活中一项必不可少的基本技能。通过本项目的学习，读者可以了解计算机的基础知识，包括计算机系统的组成和计算机安全的相关内容。

任务一　了解计算机

任务描述

　　小李同学进入职业学校开始了专业学习，有了自己的一台计算机。他知道计算机将会一直伴随他渡过他的职业人生，帮助他极大地提高工作质量和工作效率，并丰富他的日常生活。为了用好这台计算机，节省自己宝贵的时间，他明白，了解这台计算机的配置和功能是十分必要的。计算机的硬件是计算机设备优劣的物质条件。他要首先查看计算机的硬件配置及真伪。

任务实现

一、电子计算机的发展阶段

　　自从 1946 年世界上第一台电子计算机研制成功，在 60 多年的发展过程中，计算机经历了 5 个重要阶段。

　　1946 年，在美国宾夕法尼亚大学世界上第一台电子数字计算机 ENIAC（Electronic Numerical Integrator And Calculator，电子数值积分计算机）诞生了（见图 1-1），它标志着计算机时代的到来。

图 1-1　第一台电子数字计算机

　　从第一台计算机的诞生到现在，计算机已经过了半个多世纪的发展。在这期间，计算机的系统结构不断变化，应用领域也在不断拓宽。

人们根据计算机所采用的逻辑元器件的演变对计算机进行了分代，如表1-1所示。

表 1-1　计算机发展的四个时代

	第一代 （1946-1955 年）	第二代 （1956-1963 年）	第三代 （1964-1970 年）	第四代 （1971 年至今）
主机电子器件	电子管	晶体管	中小规模 集成电路	大规模、超大规模 集成电路
内存	汞延迟线	磁芯存储器	半导体存储器	半导体存储器
外存储器	穿孔卡片、纸带	磁带	磁带、磁盘	磁盘、磁带、光盘等 大容量存储器
处理速度 （每秒指令数）	几千条	几百万条	几千万条	数亿条以上

从第一台计算机的诞生直至 20 世纪 50 年代后期的计算机属于第一代计算机，其主要特点是采用电子管作为基本物理器件。第一代计算机体积大、能耗高、速度慢、容量小、价格昂贵，而应用也仅限于科学计算和军事目的。

20 世纪 50 年代后期到 60 年代中期出现的第二代计算机采用晶体管作为基本物理器件，并采用了监控程序管理计算机（操作系统的雏形）。在这一期间，适用于事务处理的 COBOL 语言得到了广泛应用，这意味着计算机的应用范围已从科学计算扩展到非数值计算领域。与第一代计算机相比，晶体管计算机体积小、成本低、功能强、可靠性高。这个时期的计算机不仅用于军事和尖端技术上，同时也被用于工程设计、数据处理、信息管理等方面。

1964 年 4 月，IBM 公司推出了采用新概念设计的计算机 IBM 360，宣布了第三代计算机的诞生。正像它名字中的数字所表示的那样，IBM 360 有 360° 全方位的应用范围。IBM 机分为大、中、小等 6 个型号，具有通用化、系列化、标准化的特点。在通用化方面，由于机器指令丰富，适应了科学计算、数据处理、实时控制等多方面的需求；在系列化方面，不同型号的计算机在指令系统、数据格式、字符编码、中断系统、输入输出、控制方式等方面保持一致，使用户在低档机上编写的程序可以不加修改地运行在性能更好的高档机上，实现了程序的兼容；对于标准化，系统采用标准的输入输出接口，这样各机型的外部设备能够完全通用。

第四代计算机始于 20 世纪 70 年代末 80 年代初，其特征是以大规模和超大规模集成电路为计算机的主要功能部件，用集成度更高的半导体存储器作为主存储器，计算速度可达每秒亿次以上的数量级。在系统结构方面，并行处理技术、分布式计算机系统和计算机网络等都有了很大的发展；在软件方面，发展了数据库系统、分布式操作系统、高效而可靠的高级语言以及面向对象技术等等，并逐渐形成软件产业。

半导体技术发展至今，足以能在一个芯片上装下数千万只晶体管，有趣的是这是一个喜忧参半的结局。如此之多的晶体管，加上如此之高的主频，使得芯片工作起来像是一个小电炉，从而"拖累"了主频提升的步伐；但另一方面，如此之高的集成技术，使得多内核和超线程等并行计算技术成为可能。以此为契机，未来并行技术对芯片性

能提升的贡献将会越来越大。预计十多年后，当半导体工艺遭遇物理极限、集成度无法继续提高时，唯有并行技术能够提高计算机的计算能力。

如果说摩尔在 1965 年能够突破集成电路发展初期的局限而提炼出摩尔定律，那今天探讨摩尔定律时，更要用发展的眼光，看它给信息产业发展带来的启迪，而不是就事论事地谈论摩尔定律是否依然准确。

▶ 二、计算机的发展方向

随着超大规模集成电路技术的不断发展和计算机应用的不断扩展，世界上许多国家正在研究新一代的计算机系统。未来的计算机将向巨型化、微型化、网络化和智能化等方向发展。

（1）巨型化。巨型化是指发展高速度、大存储量和强功能的巨型计算机。这是为了满足天文、气象、原子、核反应等尖端科学的需要，也是为了使计算机模拟人脑的学习、推理等复杂功能。

（2）微型化。超大规模集成电路技术的发展使计算机的体积越来越小、功耗越来越低、性能越来越强，随着微处理器的不断发展，微型计算机已经应用到仪表和家电等电子产品中。

（3）网络化。通过通信线路将分布在不同地点的计算机连接成一个规模大、功能强的网络系统，可以方便地进行信息的收集、传递和计算机软硬件资源的共享。目前，互联网已经渗透到了社会的各个领域。

（4）智能化。智能化是指发展具有人工智能的计算机。智能计算机是能够模拟人的感觉、行为和思维方式的计算机。智能计算机也被称为新一代计算机，目前许多国家都为这种更高性能的计算机的研发进行了大量的投入。

▶ 三、我国计算机发展情况

我国从 1956 年开始电子计算机的科学研究工作，对大型计算机的研究一直处于世界前列。1957 年，我国第一台模拟式电子计算机在哈尔滨工业大学研制成功。1960年，我国第一台自行设计的通用电子计算机 107 机诞生。1964 年，我国成功研制出大型通用电子计算机 119 机。

1983 年，我国国防科技大学成功研制出每秒运行 1 亿次的"银河"巨型计算机。1992 年，我国成功研制出每秒运行 10 亿次的"银河Ⅱ"巨型计算机。1997 年，我国成功研制出每秒运行 130 亿次的"银河Ⅲ"巨型计算机。1999 年，成功研制出银河四代巨型机。

2000 年，我国自行成功研制出高性能计算机"神威Ⅰ"，其主要技术指标和性能达到国际先进水平。我国成为继美国、日本之后世界上第三个具备研制高性能计算机能力的国家。

2004 年 6 月，中科院计算技术研究所、曙光信息产业有限公司和上海超级计算中心三方共同成功研制出每秒运行 11 万亿次的曙光 4000A 商用高性能超级计算机，使我国成为继美、日之后第三个跨越了 10 万亿次计算机研发、应用的国家。曙光 4000A 在全球超级计算机 500 强排名中名列第十。

2008 年 8 月，我国中科院计算技术研究所、曙光信息产业有限公司自主成功研制出每秒运行超百万亿次运算速度的超级计算机——"曙光 5000"，它标志着中国成为继美国之后第二个能自主研制超百万亿次商用高性能计算机的国家，也标志着我国生产、应用、维护高性能计算机的能力达到世界先进水平。

▶ 四、计算机的特点

计算机之所以具有很强的生命力，并得以飞速地发展，是因为计算机本身具有诸多特点，主要是快、大、久、精、智、自、广。具体表现以下几个方面：

（1）处理速度快。计算机处理的速度是标志计算机性能的重要指标之一，也是它的一个主要性能指标。衡量计算机处理速度的标准一般是用计算机一秒钟时间内所能执行加法运算的次数。第一代计算机的处理速度一般在每秒几千次到几万次；第二代计算机的处理速度一般在每秒几十万次到上百万次；第三代计算机的处理速度一般在每秒几百万次到上亿次；第四代计算机的处理速度一般在每秒几亿次，甚至几千万亿次。

（2）存储容量大，存储时间长久。随着计算机的广泛应用，在计算机内存储的信息愈来愈多，要求存储的时间愈来愈长。因此要求计算机具备海量存储，信息保持几年到几十年，甚至更长。现代计算机完全具备这种能力，不仅提供了大容量的主存储器，能现场处理大量信息，同时还提供海量存储器的磁盘、光盘。光盘的出现不仅容量更大，还可以使信息永久保存，永不丢失。

（3）计算精确度高。计算机可以保证计算结果的任意精确度要求。这取决于计算机表示数据的能力。现代计算机提供多种表示数据的能力，以满足对各种计算精确度的要求。一般在科学和工程计算课题中对精确度的要求特别高。例如，利用计算机可以计算出精确到小数 200 万位的 π 值。

（4）逻辑判断能力。计算机不仅能进行算术运算，同时也能进行各种逻辑运算，具有逻辑判断能力。布尔代数是建立计算机的逻辑基础，或者说计算机就是一个逻辑机。计算机的逻辑判断能力也是计算机智能化的基本条件。如果计算机不具备逻辑判断能力，它也就不能称为计算机了。

（5）自动化工作的能力。只要人预先把处理要求、处理步骤、处理对象等必备元素存储在计算机系统内，计算机启动工作后就可以在人不参与的条件下自动完成预定的全部处理任务。这是计算机区别于其他工具的本质特点。向计算机提交任务主要是以"程序"、数据和控制信息的形式。程序存储在计算机内，计算机再自动地逐步执行程序。这个思想是由美国计算机科学家冯·诺依曼（John. Von. Neuman）提出的，被称为"存储程序和程序控制"的思想，也因此把迄今为止的计算机称为冯·诺依曼式的计算机。

（6）应用领域广泛。迄今为止，几乎人类涉及的所有领域都不同程度地应用了计算机，并发挥了它应有的作用，产生了应有的效果。这种应用的广泛性是现今任何其他设备无可比拟的。而且这种广泛性还在不断地延伸，永无止境。

2009 年 10 月，中国首台千万亿次超级计算机"天河一号"诞生。这台计算机每秒 1 206 万亿次的峰值速度和每秒 563.1 万亿次的 Linpack 实测性能，使中国成为继美国之后世界上第二个能够研制千万亿次超级计算机的国家。

2010年5月，具有自主知识产权的我国第一台实测性能超千万亿次的"星云"超级计算机在曙光公司天津产业基地研制成功。5月31日，"星云"以Linpack值1 271万亿次，在第35届全球超级计算机五百强排名中，列第二位。6月1日，"星云"超级计算机系统正式发布。

2014 年 6 月，国际 TOP500 组织公布了最新的全球超级计算机 500 强排行榜，中国的"天河二号"超级计算机以比第二名美国"泰坦"超级计算机快近一倍的速度，连续第三次获得冠军。

▶ 五、计算机的应用

计算机在政治、经济、军事、金融、交通、农林业、地质勘探、气象预报、邮电通信、文化、教育、科学研究和社会生活等人类社会的各个领域都得到了极其广泛的应用。可以说，计算机应用之广泛、发展之迅速，是人们始料未及的。计算机已成为信息社会人人不可缺少的重要工具，其影响涉及社会生活的各个方面。

（一）科学计算

科学计算也称数值计算，是利用计算机解决科学研究和工程设计等方面的数学计算问题。科学计算的特点是计算量大，要求精度高，结果可靠。利用计算机高速性、大存储容量、连续运算的能力，可以处理人脑无法实现的各种科学计算问题。例如，宇宙飞船、人造卫星、导弹等的飞行轨迹计算，大型水利枢纽、桥梁、建筑的结构分析计算与仿真，天气预报的数据分析计算，石油勘探、地震信号的分析，人造蛋白质、人工胰岛素合成等生物化学的过程分析与实现方法的探寻等。

（二）实时控制

用计算机控制各种自动装置、自动仪表、生产过程等称为过程控制或实时控制。用计算机实现对过程或系统的控制，对提高产品质量和生产效率、改善劳动条件、节约能源与原材料、提高经济效益有重大作用。例如，交通运输方面的行车调度，农业方面人工气候箱的温、湿度控制，工业生产自动化方面的巡回检测、自动调控、自动记录、监视报警、自动启停等，家用电器中的某些自动功能等，都是计算机在过程控制方面的应用。计算机控制也是现代武器系统实现搜索、定位、瞄准、射击、机动所必不可少的技术。再如，人造卫星和导弹的发射中必须使用计算机实时控制系统。

（三）信息处理

信息处理泛指对非科学计算方面的信息进行采集、归纳、分类、统计、加工、存储、传递，并进行综合分析和预测等以管理为主的应用。例如，企业管理、档案管理、人事管理、财务管理、统计分析、商品销售管理、图书情报检索、银行电子化、机关办公文件处理等。信息处理的特点是原始数据量大，算术运算较简单，有大量的逻辑运算与判断，结果要求以表格或文件的形式存储或输出等。

（四）辅助过程

辅助过程是指使用计算机进行辅助设计、辅助制造和辅助教学等。

计算机辅助设计 CAD（Computer Aided Design）技术是设计人员借助计算机对飞机、车船、建筑、机械、集成电路、服装等进行辅助设计（如提供模型、计算、绘图等）的一项专门技术。CAD 对提高设计质量、加快设计速度、节省人力与时间、提高设计工作的自动化程度有十分重大的意义。

计算机辅助制造 CAM（Computer Aided Manufacturing）是使用计算机进行生产设备与操作的控制，以代替人的部分操作，数控机床、柔性制造系统等都是计算机辅助制造的例子。CAM 对提高产品质量、降低成本、缩短生产周期有很大作用。

计算机辅助教学 CAI（Computer Assisted Instruction）是指将计算机应用于教学和训练的一种新兴教育技术。CAI 可以有效提高教学质量和效率，节省训练经费。

此外，计算机辅助系统还有计算机辅助工程 CAE（Computer Aided Engineering）、计算机辅助测试 CAT（Computer Aided Test）、计算机辅助质量管理 CAQ（Computer Aided Quality）、计算机辅助工艺规划 CAPP（Computer Aided Process Planning）、计算机辅助教育 CBE（Computer Based Education）等。

（五）人工智能

人工智能 AI（Artificial Intelligence）是研究如何用计算机构造智能系统（包括智能机器），以便模拟、延伸、扩展某些与人类智能活动有关的复杂功能的一门科学。例如，研究并模拟人的感知（视觉、听觉、嗅觉、触觉）、学习、推理，甚至模拟人的联想、感悟、发现和决策等思维过程。人工智能的研究与应用的领域有模式识别、定理自动证明、自动程序设计、专家系统、知识工程、机器翻译、数据智能检索、自然语言理解、语音合成和语音识别、智能机器人等。其中智能机器人的研究和应用是人工智能研究成果的集中体现，对于科学研究和生产技术的发展有重要意义。

（六）信息高速公路

1993 年 9 月，美国正式宣布实施"国家信息基础设施（NII）"计划，俗称"信息高速公路"计划，即将所有的信息库及信息网络连成一个全国性的大网络，把大网络连接到所有的机构和家庭中去，让各种形态的信息（如文字、数据、声音和图像等）都能在大网络里交互传输。该计划引起了世界各发达国家、新兴工业国家和地区的极大震动，纷纷提出了自己的发展信息高速公路计划的设想，积极加入到这场世纪之交的大竞争中去。

国家信息基础设施，除了通信、计算机、信息本身和人力资源 4 个关键要素外，还包括标准、规则、政策、法规和道德等软环境，其中最主要的当然是"人才"。针对我国信息技术落后、信息产业不够强大、信息应用不够普遍和信息服务队伍还没有壮大的现状，有关专家提出我国的"信息基础设施"应该加上两个关键部分，即民族信息产业和信息科学技术。

●●（七）电子商务（E-business）

电子商务是在 Internet 的广阔联系与传统信息技术系统的丰富资源相结合的背景下应运而生的一种网上相互关联的动态商务活动。简单地讲，是指通过计算机和网络进行商务活动。

电子商务发展前景广阔，可为你提供众多的机遇。世界各地的许多公司已经开始通过 Internet 进行商业交易。他们通过网络方式与顾客、批发商、供货商、股东等进行相互间的联系，迅速快捷，费用很低，其业务量往往超出传统方式。同时，电子商务系统也面临诸如保密性、可测性和可靠性的挑战。

电子商务始于1996年，起步虽然不长，但其高效率、低支付、高收益和全球性的优点，很快受到各国政府和企业的广泛重视，发展势头不可小觑。目前，电子商务交易额正以每年10倍的速度增长，2014年中国电子商务市场交易整体规模达到12.3万亿元，同时增长21.3%。其中，网络购物所占份额为23%，交易规模为2.8万亿，同比增长48.7%，在社会零售总额中的渗透率首次突破10%。中国已成为交易额超过美国的全球最大网络零售市场，网络购物也成为推动中国电子商务市场发展的重要力量。

任务二 认识计算机的系统组成

任务描述

微型计算机在计算机领域中占有重要地位，在各行业中得到了迅速普及。现在一些用户接触的计算机基本上都是微机。通过本任务的学习，读者了解计算机系统的工作原理及组成结构；以及计算机硬件配置。

任务实现

计算机是一个复杂庞大的系统，微型计算机系统由硬件系统和软件系统两部分组成。硬件系统是实实在在、有形之物的实体，它是计算机系统存在的基础；而软件系统是计算机系统的灵魂，运行于硬件系统之上，是用户与计算机交互的接口。两者相辅相成，紧密配合地完成各项工作。微型计算机系统的组成如图1-2所示。

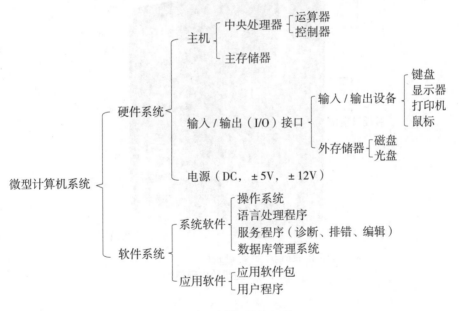

图1-2　计算机系统组成

综合起来，一个计算机系统实际上又是按层次关系组织起来的，这种层次关系如图1-3所示。

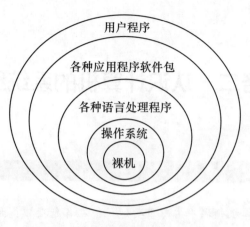

图1-3 计算机系统层次结构示意图

典型的微型计算机系统一般由主机箱、显示器、键盘、鼠标、打印机组成。

主机箱里面一般有主板、硬盘、光驱、电源，主板上一般插有 CPU、内存、显示卡等，如图1-4 所示。

内部结构图

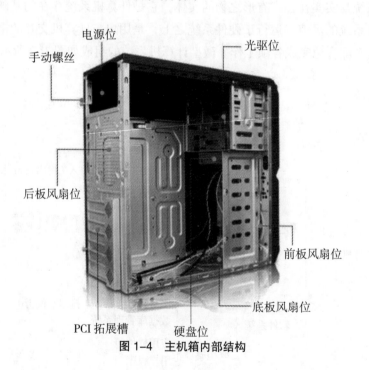

图1-4 主机箱内部结构

▶ 一、计算机工作原理

计算机的基本原理是存储程序和程序控制。预先要把指挥计算机如何进行操作的指令序列（称为程序）和原始数据通过输入设备输送到计算机内存储器中。每一条指令中明确规定了计算机从哪个地址取数，进行什么操作，然后送到什么地址去等步骤。

计算机在运行时，先从内存中取出第一条指令，通过控制器的译码，按指令的要求，从存储器中取出数据进行指定的运算和逻辑操作等加工，然后再按地址把结果送到内存中去。接下来，再取出第二条指令，在控制器的指挥下完成规定操作。依次进行下去，直至遇到停止指令。

程序与数据一样存储，按程序编排的顺序，一步一步地取出指令，自动完成指令规定的操作是计算机最基本的工作原理。这一原理最初是由美籍匈牙利数学家冯·诺依曼于 1945 年提出来的，故称为冯·诺依曼原理。

图 1-5 描述了程序执行时所涉及的有关部件及各类信息的流动。在 CPU 中，设计了若干不同类型的寄存器，用来存放从内存取出的指令和数据，存放运算的中间结果，存放通过不同方式形成的内存地址。

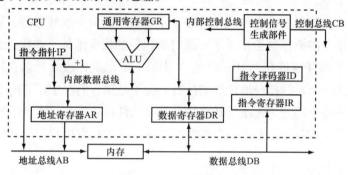

图 1-5　CPU 结构图

下面介绍一下指令的执行过程，这将有助于读者对 CPU 工作原理的理解。一个程序在执行前必须先装入内存，而启动一个程序之前还需要将程序的起始指令地址置入指令指针寄存器（IP）中，然后在控制器的控制下进入程序指令的执行周期。一条指令的执行通常可分为 3 个阶段：取指、译码和执行。

●●（一）取指

取指阶段的工作是从内存中取出要执行的指令。控制器按照指令指针寄存器 IP 中所给出的指令地址，从内存中读出一条指令并送往指令寄存器 IR。然后 IP 自动加 1，以指向内存的下一个字节。若当前指令为单字节指令，则 IP 指向下一条指令，若当前指令为多字节指令，则 IP 指向本条指令的下一个字节。在取指阶段，CPU 从内存中读出的内容必定是指令。

指令一般由操作码和操作数两部分组成。操作码表示该指令的功能，如某种算术运算或逻辑运算等；而操作数表示指令要处理的数据，或数据所在的地址（如某内存单元地址）。

●●（二）译码

译码阶段的工作是：指令寄存器中的指令操作码经译码器处理后送往控制器，控制器根据指令的功能产生相应的控制信号序列。如果该指令含有操作数的地址，控制器还要形成相应的地址，以便指令执行时使用。

●●（三）执行

指令执行阶段的工作是：机器按照控制器发出的控制信号完成各种操作，从而完成该指令的功能。如果当前指令是多字节指令时，在指令执行阶段 IP 会不断加 1，从而取出指令后续字节中的内容，并加入到指令的执行过程中。

当该指令的执行过程结束时，IP 将指向下一条指令。于是 CPU 也就进入下一个指令的"取指—译码—执行"周期。

CPU 就是这样周而复始地执行指令，直至程序的完成。但程序并不总是顺序执行，有时需要根据情况进行程序的转移。为了实现程序控制，指令也分为两种类型。

一类命令计算机的各个部件完成基本的算术逻辑运算、数据存取和数据传送等操作，属操作类指令。

另一类用来控制程序本身的执行顺序，实现程序的分支、转移等，属于控制转移类指令。转移指令的操作数给出了下一条将要执行的指令地址。在执行转移指令时，控制器会将这个内存地址存入 IP，而使 IP 中原有的地址作废。所以在执行完转移指令后，程序会从一个新的指令地址继续执行，而不是执行内存中相邻的下一条指令。

实际上转移指令还分为无条件转移指令和有条件转移指令。对于有条件转移指令，只有当条件满足时（基于上一条指令的执行结果），才会发生程序的转移。

▶ 二、计算机的硬件系统

●●（一）计算机硬件五大功能部分

● 1. 运算器（Arithmetic Unit）

运算器是计算机中对数据信息进行加工、运算的部件，它的速度决定了计算机的运算速度。运算器的功能是对二进制编码进行算术运算（加、减、乘、除）和逻辑运算（与、或、非、比较、移位）。

● 2. 控制器（Control Unit）

控制器的功能是控制计算机各部分按照程序指令的要求协调工作，自动地执行程序。它的工作是按程序计数器的要求，从内存中取出一条指令并进行分析，根据指令的内容要求，向有关部件发出控制命令，并让其按指令要求完成操作。

通常情况下把运算器和控制器合在一起，做在一块半导体集成电路中，称为中央处理器（Central Processing Unit，CPU），又称微处理器，它是计算机系统的"大脑"。

● 3. 存储器（Memory）

存储器是计算机中用于记忆的部件，它的功能是存放程序和数据。使用时，可以从存储器中取出信息（读取操作），也可以把信息写入存储器（存写操作）。计算机存储器一般分为内部存储器与外部存储器两种。

（1）内部存储器。内部存储器简称内存，又称为主存储器（主存），主要存放当前要执行的程序及相关数据。CPU 可以直接对内存数据进行存、取操作。内存目前均采用半导体存储器，其存储实体是芯片的一些电子线路，因此其存、取速度很快，但其造价高（以存储单元计算），容量较小。

内存是计算机中数据交换的中心，CPU 在存、取外部存储器时，都必须通过内存。

内存又可分为只读存储器（Read Only Memory，ROM）和随机存储器（Random Access Memory，RAM）两类。ROM 是指只能读不能写的存储器，保存的是计算机厂家在生产时用专门设备写入并经固化处理的信息，用户只能读出数据而无法修改。即使断电，ROM 中的信息也不会丢失。RAM 也称读写存储器，CPU 对其既可读出数据又可写入数据，但是，一旦关机断电，RAM 中的信息将全部丢失。人们通常说的"主存"或"内存"均指 RAM，RAM 存储器的容量就是计算机的内存容量。CPU 与内存一起被称为计算机的主机。

（2）外部存储器。外部存储器简称外存，又称为辅助存储器，可用来存放需要保存的程序和数据信息。通常，外存除只与内存成批地进行数据交换，不按单个数据进行存取，也不能与计算机的其他部件直接交换信息。外存具有存储容量大，速度慢，价格低，能永久保存信息等特点。

常用的外存有硬盘、光盘（CD）、闪存、移动硬盘、软盘和磁带等（不过，在微机上几乎不用磁带）。外存在断电时可保持信息不丢失，且信息保存时间长（如磁盘中的信息可以保持几年甚至几十年），容量一般都较大。

4. 输入设备（Input Device）

输入设备是指向计算机输入数据信息的设备。它的任务是向计算机提供原始的信息，如文字、数字、声音、图像、程序、指令等，并将其转换成计算机能识别和接收的信息形式送入存储器中，以便加工、处理。常用的输入设备有键盘、鼠标、扫描仪、触摸屏、数字化仪、麦克风、数码相机、数码摄像机、条形码阅读器、光笔、手写笔、游戏手柄、光电阅读仪等。

5. 输出设备（Output Device）

输出设备用来输出经过计算机运算或处理后所得的结果，并将结果以字符、数据、图形等人们能够识别的信息形式进行输出。常见的输出设备有显示器、打印机、投影仪、绘图仪、扬声器等。

输入/输出设备（I/O设备）和外部存储器统称为外部设备（Peripheral Equipment）。

硬件系统的 5 个组成部分通过 3 组总线（bus）连接在一起，形成了一个分工协作的整体，这也就是计算机的基本框架。图 1-6 给出了一般计算机的系统结构示意图。

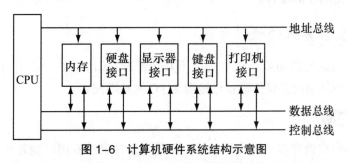

图 1-6 计算机硬件系统结构示意图

注意： 为清晰起见，图中只画出设备接口，而没有画出与接口相连的外部设备。

●●（二）总线

总线是计算机中各部件之间传递信息的基本通道。依据传递内容的不同，总线又分为数据总线、地址总线和控制总线三种。

● 1. 数据总线

数据总线用于传递数据信息。此处的"数据"是广义的，既可以是一般意义上的数据（例如送往打印机上的打印数据），也可以是指令代码（如将磁盘上的程序加载到内存），还可以是状态或控制信息（如外设送往 CPU 的状态信息）。数据总线是双向的，CPU 既可以向其他部件发送数据，也可以接收来自其他部件的数据。例如 CPU 可以向内存中写入数据，也可以从内存中读出数据。同样，CPU 访问外设也是有读（对输入设备）有写（对输出设备）。

数据总线的位数是计算机的一个重要指标，它体现了传输数据的能力，通常与 CPU 的位数相对应。例如 32 位微处理器（80386）采用的就是 32 位数据总线。又如 32 位 Pentium（奔腾）处理器，内部总线是 32 位，但和存储器相连的外部总线设计成 64 位，从而大大提高了数据的传输效率。

● 2. 地址总线

地址总线用于传输地址信息，如要访问的内存地址、某个外设的地址等。由于地址通常是由 CPU 提供的，所以地址总线一般是单向传输。

由于地址总线传输内存的地址，所以地址总线的位数决定了 CPU 可以直接寻址的内存范围。例如 32 位 CPU 的地址总线通常也是 32 位，可以表示出 2^{32} 个不同的内存地址，即可以访问的内存容量为 4 GB（2^{32}=4 294 967 296）。

● 3. 控制总线

顾名思义，控制总线用于传送控制信号。例如，CPU 向内存或输入输出接口电路发出的读写信号；又如，输入输出接口电路向 CPU 发送的用于同步工作的联络信号等。

外存储器和输入输出设备通称为外部设备。由于外部设备工作原理各不相同，一般都要通过接口电路与 CPU 相连，这种接口电路统称为 I/O 接口。I/O 接口实现 CPU 与外部设备之间的信息交换。为便于对 I/O 接口的访问，系统对 I/O 接口中的寄存器统一进行了编址，并称之为端口地址。这样，CPU 访问外设就如同访问内存一样，通过地址访问指定的外部设备。

▶ 三、微型计算机的硬件系统

微型计算机的硬件组成可以分为以下几个部分：CPU、内存、外存和各种输入 / 输出设备。一些常用的多媒体设备已经成为 PC 的基本配置。

●●（一）CPU

CPU 又称中央处理器（简称处理器），是一个昂贵的专用电脑芯片——它是电脑的心脏，具有强大的运算、执行和控制能力，是整个电脑的指挥中心和运算中心。

通常，人们在谈到"双核 T7700"或"迅驰笔记本电脑"时，"双核"、"迅驰"就是 CPU 的代称。CPU 的主频和数据位是表示其性能的两个关键参数。目前市场上常见的电脑主频多为 2.6 ~ 4 GHz，而数据位多为 32 位 /64 位（后者性能更佳）。

现在 Internet 顺利驶进了"酷睿时代"的快车道。这样正是印证了 Intel 的一句广告词"开动酷睿时代"！如图 1-7 所示。

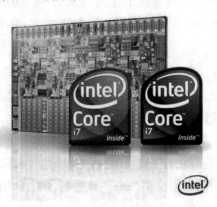

图 1-7　Intel 酷睿 i7 处理器

下面介绍一下与 CPU 性能相关的几个问题。

● 1. CPU 的速度与主频

目前，PC 的运算速度已超过若干年前大型机的速度。例如，Intel 公司的奔腾微处理器芯片每秒的运算速度已达亿次数量级。

CPU 执行指令的速度与系统时钟有着密切的关系。系统时钟是计算机的一个特殊器件，它周期性地发出脉冲式电信号，控制和同步各个器件的工作节拍。系统时钟的频率越高，整个计算机的工作速度就越快。时钟频率的上限与各器件的性能有关。所谓 CPU 的主频即 CPU 能够适应的时钟频率，或者说是 CPU 产品的标准工作频率，它等于 CPU 在 1 s 内能够完成的工作周期数。

CPU 的主频是以 MHz（兆赫兹）、GHz（吉赫兹）为单位。1 MHz 为每秒完成 100 万个周期。主频越高就表明 CPU 运算速度越快。

● 2. CPU 的字长

字长是指 CPU 在一次操作中能处理的最大数据单位，它体现了一条指令所能处理数据的能力。能够处理的数据的位数是中央处理器性能高低的一个重要标志。例如，一个 CPU 的字长为 16 位，则每执行一条指令可以处理 16 位二进制数据。如果要处理更多位的数据，则需要几条指令才能完成。显然，字长越长，CPU 可同时处理的数据位数就越多，功能就越强，但 CPU 的结构也就越复杂。CPU 的字长与寄存器长度及主数据总线的宽度都有关。早期的微处理器都是 8 位机和 16 位机，32 位机的代表就是 PC 486，而目前 CPU 的微处理器的位数已实现 64，128，256 位……，发展速度非常快。

（二）存储器

存储器是计算机的记忆和存储部件，用来存放信息。对存储器而言，容量越大，存取速度越快，其性能越好。

一般来说，存储器的工作速度相对于 CPU 运算速度要低得多，因此存储器的工作速度是制约计算机整体运算速度的主要因素之一。为解决 CPU 与存储器之间速度不匹配的矛盾，计算机的存储系统采用两级存储方式：内存储器和外存储器。

1. 内存储器

内存储器又称内存、主存或动态存储器，它由一组同型号的芯片组合而成，在电脑开机运行后，内存负责存储 CPU 高速运行时执行的程序和数据。内存是用集成电路构成的存储芯片，其速度比硬盘快数千倍。

在内存芯片内部，一个"数据位"由一个"电容"元件表示，电容的充电、放电分别表示 0、1 状态。这样的结构造成开机加电时，内存数据可以正常保持；一旦关闭主机电源，内存中的数据便会消失——这种特性被称为内存的"易散性"，所以内存芯片也被称为"动态存储器芯片"。

2. 外存储器

外存储器又称为辅助存储器，它的容量一般都比较大，且容易移动，便于不同计算机之间进行信息交流。常用的外存储器有磁盘、磁带和光盘。其中磁盘又可以分为硬盘和软盘。

①硬盘：硬盘又称硬盘驱动器或硬驱。它利用磁记录原理存储数据，而且硬盘中的数据不会因关机消失，可以长久保留。现在，电脑内存的容量一般为 512 MB ~ 1 GB（或更高），而硬盘容量为 160 GB ~ 1 TB。

②光驱：硬盘存储容量大、读写速度较快，但是由于其结构精密、怕振动，不便随身携带或随意移动。为了方便地在不同电脑之间交换数据或文件，设计并使用了软盘和光盘等存储设备。目前电脑光驱多采用 DVD 光盘驱动器，它可以读取 CD、VCD 和 DVD 光盘。

（三）输入设备

输入 / 输出设备是计算机的五大组成部分之一，统称为外围设备，也简称为外设。输入设备的作用是将程序、数据、文本等内容输入计算机。输出设备的作用是将计算机的计算结果以图形、图像、文字等方式显示出来。

常用的输入设备包括：

· 文字输入设备：键盘、磁卡阅读机、条形码阅读机、纸带阅读机、卡片阅读机等。

· 图形输入设备：光笔、鼠标、触摸屏等。

· 图像输入设备：扫描仪、数字照相机、摄像头等。

这里重点介绍以下几个输入设备。

● **1. 键盘**

键盘是电脑中最基本、最常用的输入设备和控制设备，多数电脑的控制、文字的录入和命令的输入等均通过键盘来完成。

键盘是最常用的输入设备，用户的各种命令、程序和数据都可以通过键盘输入计算机。

键盘由一组排列成阵列形式的按键开关组成，每按下一个键，在键盘内的控制电路将根据该键的位置，把该字符的信号转换为二进制码送入主机。目前常用的有 104 键盘及 107 键盘。

按功能划分，常用的键盘主要分为 4 个区，即功能键区、主键盘区、编辑控制键区和数字键区。另外在键盘的右上方还有 3 个指示灯，如图 1-8 所示。

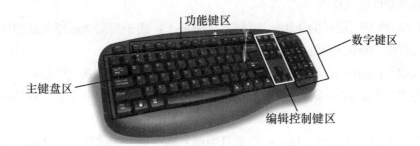

图 1-8　键盘全图

（1）主键盘区的使用。主键盘区是键盘的主要部分。它位于整个键盘左下部分，主要用于输入各种数据信息。这个键区主要包括英文字母键、数字键、标点符号键、控制键，具体功能如下：

英文字母键（A ~ Z 共 26 个英文字母）：主要用于输入英文字母或汉字编码。数字键（0 ~ 9 共 10 个数字）：主要用于输入阿拉伯数字信息。

字母锁定键（Caps Lock）：主要用于控制大小写字母的输入，按下此键，字母锁定为大写；再按此键，锁定为小写。

换档键（Shift）：又称上档键，左右各有一个。在主键盘区有一部分键位上标有上下两个字符，上面的叫上档字符，下面的叫下档字符。在直接输入字符的过程中，对于双字符键，直接按下某键，则输入的是下档字符（如按 1 键，输入的是数字 1）。如果按住 Shift 键，再按下双字符键，则输入上档字符，或改变英文字母的大小写（在 Caps Lock 大写锁定指示灯不亮时，不按上档键正常输入的英文字母均为小写，但是按住上档键之后，输入的则为大字字母）。

制表键（Tab）：主要功能用于使光标向右移动一个制表位的距离，默认的光标移动距离为 8 个字符。

退格键（←或 Backspace）：每按一次该键，光标向前回退一个英文字符或一个中文字符的位置，主要用于删除光标前的字符。

回车键（Enter）：结束命令行或结束逻辑行。

空格键：键盘上没有任何标记且最长的键，主要用于使光标右移一个字符的位置，同时输入空格符。

换码键（Esc）：也称逃脱键，主要用于取消命令的执行，结束或退出程序。如果输入的命令有错，可按此键取消，以重新输入命令。

控制键（Ctrl）、（Alt）：左右分别各有一个，单独使用不起作用，主要用于与其他键配合使用，完成特殊的控制功能。如 Ctrl+Alt+Del 组合键的功能是使系统热启动。

Windows 徽标键（Win）：位于 Ctrl 和 Alt 两键之间的键，左右各有一个，上有 Windows 徽标，按此键可快速启动 Windows 的"开始"菜单。

（2）功能键区的使用。功能键 F1 ~ F12 也称可编程序键，可以编制一段程序来设定每个功能键的功能。不同的软件可赋予功能键不同的功能。一般情况下，F1 键具有获取系统帮助的功能。

（3）编辑控制键区的使用。删除键（Delete）：用于删除光标所在处的字符，并且使光标后的字符向前移。

插入键（Insert）：常用来改变输入状态，即插入或改写方式的转换。

暂停键（Pause/Break）：用于使屏幕显示停下来，或用于中止某一程序或命令的运行。

屏幕复制键（Print Screen）：用于打印或复制屏幕上的信息，将 Windows 桌面复制到剪贴板上；Alt+Print Screen 组合键将 Windows 桌面的活动窗口复制到剪贴板上。

翻页键（PageUp/PageDown）：用于显示屏幕前一页或后一页的信息。

光标移动键（Home、End、←、→、↑、↓）：用于改变光标在文档中的位置，Home 和 End 键主要将光标移动到一行文字的开头或结尾、←、→、↑、↓键分别是将光标左移、右移、上移、下移一个字符的位置。

（4）数字键区的使用。数字键区共有 17 个键，分别是 +、-、*、/、Enter，Num Lock 键及 11 个双字符键。Num Lock 键为数字控制键，如果按下该键，键盘上的 Num Lock 指示灯亮，证明此时处于数字处理状态。针对双字符键来说，主要应用的是上档字符，可以在此输入数字。如果指示灯不亮，证明此时处于编辑功能状态，双字符键使用的是下档字符。

利用数字键区输入数字时手指分工为：大拇指负责 0 键的输入；无名指负责 3、6、9 键的输入、中指负责 2、5、8 键的输入；食指负责 1、4、7 键的输入。

Windows 7 系统提供了微软拼音 - 简捷 20110 等多种汉字输入法。除此之外，第三方机构开发了搜狐输入法、紫光输入法、五笔字型输入法等中文输入法，这些输入法词库量大、组词准确且兼容各种输入习惯，得到广泛的应用。一般而言，第三方中文输入法软件可以免费获得，使用前按照向导提示进行安装即可。

● **2. 鼠标器**

鼠标器简称鼠标，是目前电脑设备中应用率最高、最方便的"手边设备"。鼠标的主要功能是，通过鼠标在办公桌或电脑台上横向或纵向的相对位置移动，控制屏幕上光标的位置，再通过按下鼠标键发出操作命令，从而完成电脑的共享控制操作。图1-9是两种不同的鼠标。

图1-9 普通的光电鼠标（左），双滚轮鼠标（右）

图1-9（左）所示的鼠标是最常用的鼠标形式，各种家用电脑、商用电脑多配备这种鼠标，其特点是方便、廉价。

图1-9（右）所示的双滚轮鼠标，除了具备普通鼠标的上下方向滚轮外，增加了左右方向的滚轮；对于经常用鼠标绘制电脑图形，例如用AutoCAD或3DS MAX绘制三维图形的用户提供了较大的方便。

现在有一种专业型鼠标，中间的圆球可以控制光标做空间中360°的移动，并可感知操作手的力度，控制绘制轻重不同或者颜色不同的各种线条或色块，这样的鼠标价格昂贵，可达到几千元。这类鼠标多用在专业绘图和设计之中。

使用鼠标时，轻握鼠标，使鼠标的后半部分恰好在手掌之下，食指和无名指分别轻放在左右按键上，中指轻放在滚轮上，拇指和小指轻夹两侧。鼠标的基本操作有指向、单击、双击、右击和拖曳（或拖动）。

指向：移动鼠标，使鼠标指针指示到所要操作的对象上。在移动鼠标时，屏幕上的指针光标将作同方向的移动，鼠标在工作台面上的移动距离与指针光标在屏幕上的移动距离成一定的比例。如果鼠标已经移到鼠标垫的边缘，而光标仍未到预定位置时，可拿起鼠标放回，再继续移动即可。

单击：快速按下鼠标左键并立即释放。

双击：连续快速两次单击鼠标左键。

右击：快速按下鼠标右键并立即释放。

拖曳（或拖动）：将鼠标指针指示到要操作的对象上，按下鼠标左键不放，移动鼠标使鼠标指针指示到目标位置后释放鼠标左键。

（四）输出设备

常见的输出设备包括：显示器、打印机（喷墨打印机、激光打印机）、绘图仪等。

● **1. 显示器**

显示器是最基础的"输出设备"，是电脑的展示窗口。目前，常见的显示器有CRT显示器（CRT—阴极射线管），与电视机相似。

● **2. 打印机**

如果要将写好的文稿、网络下载的资料或图片打印到纸上，最方便的设备便是打印机。目前，常用的打印机有以下三种主要类型。

①针式打印机：也称点阵打印机。这类打印机中，接触纸张的部分有一个打印头，打印头中带有坚固的钢针，打印针隔着带有油彩的色带击打纸张，色带的颜色落在纸上形成打印图像（文字）。

②喷墨打印机：它依靠打印头精准喷射的墨点（黑色或彩色）形成打印图像。其特点是价格低、体积小，但打印速度较慢，比较适合于打印量不大的家庭或办公用途。

③激光打印机：它依靠激光照射在纸张上形成负静电离子、吸附墨粉，然后经过打印机内部"高温、干燥、防脱处理"，形成打印图像。其特点是打印速度快、打印质量高、噪声低，但价格比前两者略高，是目前应用数量最多的打印设备。

● **3. 音箱**

音箱是电脑声音、音乐的输出设备。从电脑输出的微弱的声音信号送到音箱，由音箱内部的电路进行信号放大，并分别送至左音箱、右音箱和中置音箱。

▶ 四、计算机的性能指标

计算机的性能是一个复杂的问题。早期只考虑基本字长、主频和存储器容量三大指标。实践证明，只考虑这三种指标是不够的，一般应该考虑以下几个方面：

（一）主频（时钟频率）

主频即计算机 CPU 的时钟频率。在很大程度上主频决定了计算机的运算速度。主频的单位是兆赫兹（MHz）。例如 Intel 80386 的主频为 16 ~ 50 MHz，80586 的主频为 75 ~ 100 MHz，P Ⅱ 的主频为 166 ~ 300 MHz；Intel Core i5 的主频为 3.4GHz ~ 3.8GHz，Core i7 的主频为 4.0GHz ~ 4.4GHz。

（二）基本字长

"字"是计算机传送、处理信息的基本单位。通常情况下，"基本字长"表示"字"的 0、1 代码的位数，也就是可一次传送或处理的 0、1 代码串长度。一般计算机的基本字长有 16 位、32 位、64 位等。

基本字长越长，操作数的位数越多，计算精度也就越高，但相应部件如 CPU、主存储器、总线和寄存器等的位数也要增多，使硬件成本随着增高。基本字长也反映了指令的信息位的长度和寻址空间的大小。16 位字长的处理器其物理寻址空间是 64 KB，32 位处理器的寻址空间是 4 GB。足够的信息位长度能保证指令的处理能力。

为了较好地协调计算精度与硬件成本的制约关系，大多数计算机允许采用变字长运算，即允许硬件实现以字节为单位的运算、基本字长（如 16 位）运算及双字长（如 32 位）运算，并通过软件实现多字长运算。

（三）存储器容量

存储器容量包括内部存储器和外部存储器的容量。一般说来，内、外存储器容量越大，能存储的程序和数据量越大，计算机的处理能力就越强，速度越快。其中内部存储器的容量对计算机的处理速度影响显著。

（四）系统可靠性

计算机的可靠性以平均无故障时间（Mean Time To Failure，MTTF）表示，它主要用于评价在没有故障的情况一个系统能工作多长时间。

MTTF 越大，意味着系统无故障运行时间越长，系统性能也就越好。

（五）系统可维护性

计算机的可维护性以平均修复时间（Mean Time To Repair，MTTR）表示，它主要用于评价修复系统和修复系统后将它恢复到工作状态所用的平均时间。

MTTR 越小，意味着修复系统和修复后恢复到正常工作状态所用时间越短，系统性能越好。

（六）系统可用性

系统的可用性定义为：可用性 =MTTF/（MTTF+MTTR）

提高系统的可用性基本上有两种方法：增加 MTTF 或减少 MTTR。

增加 MTTF 要求增加系统的可靠性。计算机工业界千方百计地制造可靠性系统，如今微型计算机的 MTTF 范围从几百小时到几千小时。然而，再进一步提高 MTTF 非常难而且代价很高。通过减少系统的 MTTR 同样可以获得可用性，如果能迅速处理故障就可以提高系统可用性。

（七）性价比性能

价格与性能比简称性价比，是用来衡量计算机产品优劣的概括性指标。

性能指标主要包括计算机的字长、运算速度、存储容量、输入输出设备和计算机的可用性。价格是指计算机的销售价格。性能价格比越高表明计算机系统越好。

任务三 查看计算机的软件

任务描述

　　计算机的硬件是计算机设备优劣的物质条件，但只有计算机硬件配置还不够，计算机的硬件需要在软件的支持下，才能发挥作用。所以，小李同学在查看计算机硬件后，想查看一下计算机的软件配置。

任务实现

一、计算机软件系统

　　软件是计算机系统的重要组成部分，是指程序运行所需要的数据以及与程序相关的文档资料的集合。

　　计算机之所以能够自动而连续地完成预定的操作，就是运行特定程序的结果。计算机程序通常都是由程序设计语言来编制，编制程序的工作就称为程序设计。

　　对程序进行描述的文本就称为文档。因为程序是用抽象化的计算机语言编写的，如果不是专业的程序员是很难看懂它们的，需要用自然语言来对程序进行解释说明，从而形成程序的文档。

　　用户使用计算机的方法有两种：一种是选择合适的程序设计语言，自己编程序，以便解决实际问题；另一种是使用别人编制的程序，如购买软件，这往往是为了解决某些专门问题而采用的办法。

　　计算机软件的内容是很丰富的，对其严格分类比较困难，一般可分为系统软件和应用软件两大类。

（一）系统软件

　　系统软件是一种特殊的管理程序，它管理计算机系统，同时为计算机系统服务。系统软件中最重要的是操作系统。操作系统指的是管理整个计算机系统资源（硬件资源和软件资源）、协调计算机各部分功能的一些程序。不同类型的计算机可能配有不同的操作系统。

　　常见的操作系统有 DOS、Windows、UNIX、Linux、OS X 等。系统软件还包括一些程序设计处理程序、服务程序和诊断程序等。

（二）应用软件

应用软件是为解决各种实际问题而编制的计算机应用程序及其有关资料。目前，市场上有成百上千的商品化的应用软件，能够满足用户的各种要求。对于计算机的一般使用者来说，只要选择合适的应用软件并学会使用该软件，就可以完成自己的工作任务。下面仅列出一些常用的软件：

- ·文字处理软件，如目前广为流行的 Windows 下的 WPS、Word 等。
- ·电子表格软件，如 Windows 下的 Excel 软件。
- ·计算机辅助设计软件，如 AutoCAD 等。
- ·图形图像处理软件，如 PhotoShop 等。
- ·防毒软件，如瑞星杀毒软件、360 杀毒软件等。
- ·浏览 Web 软件，如 Internet Explorer、Google Chrome、360 浏览器等。
- ·计算机辅助教学软件。
- ·财务软件、物资管理软件、生产管理软件。

二、操作系统

（一）概述

一个计算机系统主要由两大部分组成：计算机硬件系统和软件系统。没有软件的计算机是不能有效工作的，有了软件计算机才能存储、处理和检索信息。软件又可分为两大类：系统软件和应用软件。系统软件是为帮助用户编写程序和调试应用程序而设计的，用于计算机的管理、维护、控制和运行，以及对运行的程序进行编译装入等服务工作。应用软件主要是为了某一类的应用需要而设计的程序或用户为解决某一个特定的问题而设计的程序或程序系统。

操作系统（operating system）是计算机系统软件的核心。其主要功能是管理计算机的硬件资源和软件资源，合理地组织计算机系统的工作流程，提高计算机系统的效率，并为用户提供一个良好的界面，以方便用户对计算机的使用。从用户角度看，操作系统是用户与计算机之间的接口，如图 1-10 所示。

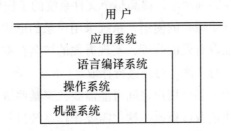

图 1-10　操作系统与其他系统的关系

（二）操作系统的功能

从资源管理的角度来看，操作系统具有以下五大功能，如图 1-11 所示。

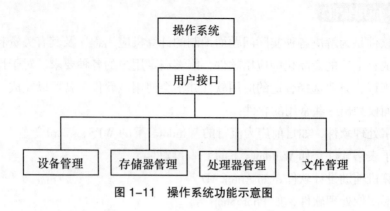

图 1-11　操作系统功能示意图

● 1. CPU 管理

CPU 是计算机硬件的核心部件，控制和协调硬件资源的使用。操作系统对 CPU 的管理主要是对 CPU 的分配进行管理，即在某一时刻谁可以获得 CPU。

CPU 的分配和运行都是以进程为单位的。进程是比通常概念上的程序更小的编程单元，一个程序可以划分为几个进程，CPU 在分配时以进程为单位，运行时也同样以进程为单位。因为在内存中同时存在多个进程，究竟是哪个进程可以获得 CPU，这项工作由操作系统来决定。

● 2. 存储器管理

存储器是存放程序和数据的计算机部件，存储器容量的大小是衡量其性能高低的一个重要指标。前面说过在内存中同时存在多个进程，如何给各个进程分配内存空间，提高存储器的利用率，以减少不可用的内存空间是操作系统要完成的任务之一。同时，操作系统还要保证多个用户程序之间互不干扰，即不允许其他用户程序进行非法访问。为了保证操作系统的安全运行，也不允许用户程序访问操作系统的程序和数据。

● 3. 文件管理

计算机存储器中的程序和数据是以文件的方式存放的，因此管理文件的存储空间、管理目录和如何对文件进行共享和保护也是操作系统工作的重要方面。

①管理文件存储空间。为每个用户分配文件存储空间，并且对其进行管理，如分配、回收等，目的是提高外存的利用率，提高整个文件系统的工作效率。

②管理目录。为了方便用户的使用，系统采用目录的形式，为每个文件建立对应的目录，对众多的目录加以有效的管理，实现方便的按名存取，即用户提供文件名，就可以按其目录找到相应的文件，对其进行存取。

③文件的共享和保护。多个用户之间可能需要共享某些资源，或者系统文件和一些用户文件不希望被非法读取或更改，这也需要操作系统进行控制，如采用口令、加密等方式来实现。

④外围设备管理。计算机发展到今天，具有了极其强大的功能，很大一部分要归功于外围设备的不断发展，使得计算机的应用可以深入到社会生活的各个领域。但外围设备种类繁多、功能各异，如何对外围设备进行统一管理，方便用户使用，提高外

围设备的利用率，这些工作都由操作系统来完成。

●●●（三）操作系统的分类

根据操作系统提供的工作环境，可分为批处理操作系统、分时处理操作系统、实时处理操作系统、网络操作系统和分布式操作系统。按操作系统支持的硬件环境，又可分为通用操作系统、工作站操作系统和个人计算机操作系统。

● 1. 批处理操作系统

批处理操作系统的主要特征是用户脱机使用计算机。用户将应用程序提交给计算机系统之后，由批处理操作系统自动地从外存储器中把用户提交的应用程序成批地调度到 CPU 中同时处理，直到全部任务结束。

早期的批处理系统是单道批处理操作系统，即系统自动地一次调入一个应用程序到内存中运行。当今的批处理系统能够把多个应用程序同时调入内存处理，因此称为多道批处理操作系统。在多道批处理操作系统中，CPU 得到更充分利用。

批处理系统的优点是能够充分利用系统资源，缺点是用户不能干预程序的执行过程。所以，批处理系统不适合那些实时性要求高，用户要求与计算机交互对话的应用领域。

● 2. 分时操作系统

分时操作系统克服了批处理操作系统的缺点，其主要特征是允许多个用户分享使用同一台计算机。分时操作系统把 CPU 的执行时间分成"时间片"，并把这些时间片轮流分配给不同的用户，每个用户都能及时获得响应。在分时操作系统中一台计算机可以连接几台甚至几百台终端设备，每个用户都可在一台终端上控制自己程序的执行，进行人机对话，用户彼此之间也可以传递信息。

● 3. 实时操作系统

实时操作系统的特点是对响应时间的要求比分时操作系统更高，同时对系统的可靠性要求也很高。而在系统资源的利用率及交互会话能力方面则相对要求较低。实时操作系统常用于生产过程自动控制或实时信息处理等。

有些系统兼有成批、分时和实时处理的能力，从而形成通用操作系统，这种系统应用范围广泛，适应性强。

● 4. 网络操作系统

计算机网络是通过通信设施将地理上分散的计算机连接起来，形成网络，以实现资源共享和信息通信。

网络中主机通常称为服务器（server），它的操作系统除具有一般操作系统的主要功能之外，还应包括通信软件和网络控制软件，以实现网络中的各种传输协议。

网络中的用户计算机又叫工作站（workstation）或客户机（client），它应具有操作系统的外壳部分，实现与主机的通信。

● **5. 分布式操作系统**

　　分布式操作系统也是通过通信网络把不同的计算机系统连接起来，以实现信息交换和资源共享。但它不同于网络操作系统，分布式操作系统中的计算机无主次之分。分布式操作系统为用户提供一个统一的界面和标准接口，用户向操作系统提交任务，操作系统负责资源的分配和调度，以及任务分割、信息传输和控制等，用户并不知道自己的程序在哪一台计算机上完成。

● **6. 单用户操作系统**

　　个人计算机操作系统是单用户操作系统，因此在 CPU 管理和内存管理等方面就比较简单。早期的个人计算机使用 CP/M（control program for microprocessors）系统，20 世纪 80 年代初开始使用 DOS（disk operating system），这是一个单用户单任务操作系统。

　　近些年来，由于多媒体技术的广泛应用及个人计算机硬件系统的迅速发展，个人计算机操作系统也得到极大的发展。如今在个人计算机上可以使用 Windows、Linux 和 UNIX 等多任务操作系统。

任务四　认识计算机中的信息存储

任务描述

计算机系统是一个整体，既包括硬件也包括软件，两者是不可分割的。目前，计算机之所以推广应用到各个领域，正是由于软件的丰富，能够出色地完成各种不同的任务。当然，计算机硬件是支持软件工作的基础，没有良好的硬件配置，软件再好也没有用武之地。

通过本任务的学习，能学会计算机信息的表示方法。

任务实现

▶ 一、计算机中信息的表示

在计算机内部，所做的工作都是基于对信息进行存储、处理、传输。无论信息是数字还是文字符号、图形还是声音，在计算机中都是采用二进制数来表示它们。这是因为二进制只需要两个数字符号"0"和"1"，而计算机的电路中反映的两种物理状态：脉冲有无、电位高低或磁性正负正好可以来表示"0"和"1"，如用低电平表示"0"和高电平表示"1"。

●●●（一）计数制

计数制也称为数制，即进位计数制，是人们利用数字符号按进位原则进行数据大小计算的方法。在日常生活中，人们习惯于用十进制计数。但是，在实际应用中，还使用其他的计数制，如二进制（两只鞋为一双）、十二进制（十二个信封为一打）、二十四进制（一天24小时）、六十进制（60秒为1分，60分为1小时）等。这种逢几进一的计数法，称为进位计数法。这种进位计数法的特点是由一组规定的数字来表示任意的数，例如在一个用二进制数来表示的数字中，它只能包含"0"和"1"两个基数，一个十进制数只能用0，1，2，…，9十个基数，一个十六进制数用0，1，2，…，9和A～F十六个数字基数。

无论哪种进制形式，都包含两个基本要素：基数和位权。基数是指该进位制中允许使用的数码个数，比如十进制中允许使用0～9共10个数码，故十进制的基数为10；位权是指以该进制的基数为底，以数码所在位置的序号为指数的整数次幂。序号从小数点起，往左第一位为 0 号位，第二位为 1 号位，依此类推，往右第一位为 –1 号位，第二位为 –2 号位，依此类推，表 1–2 给出了数据、基数、数制及数字之间的关系。

表 1–2 数制、基数、数制的规则及数字之间的关系

数制	基数	数制的规则	数字
二进制	2	逢二进一	0，1
八进制	8	逢八进一	0，1，2，3，4，5，6，7
十进制	10	逢十进一	0，1，2，3，4，5，6，7，8，9
十六进制	16	逢十六进一	0，1，2，3，4，5，6，7，8，9，A，B，C，D，E，F

● **1. 十进制数**

十进制数有 0 ~ 9 共 10 个数码，其计数特点以及进位原则是"逢十进一"。十进制的基数是 10，位权为 10^K（K 为整数）。一个十进制数可以写成以 10 为基数按位权展开的形式。

例：把十进制数 123.45 按位权展开。

解：$(123.45)_{10} = 1 \times 10^2 + 2 \times 10^1 + 3 \times 10^0 + 4 \times 10^{-1} + 5 \times 10^{-2}$

● **2. 二进制数**

二进制数只有 0 和 1 两个数码，它的计数特点及进位原则是"逢二进一"。二进制的基数为 2，位权为 2^K（K 为整数）。一个二进制数可以写成以 2 为基数按位权展开的形式。

例：把二进制数 1011 按位权展开。

解：$(1011)2 = 1 \times 2^3 + 0 \times 2^2 + 1 \times 2^1 + 1 \times 2^0$

● **3. 八进制数**

八进制数中有 0 ~ 7 共 8 个数码，其计数特点及进位原则是"逢八进一"。八进制的基数为 8，位权为 8^K（K 为整数）。

例：把八进制数 1234 按位权展开。

解：$(1234)_8 = 1 \times 8^3 + 2 \times 8^2 + 3 \times 8^1 + 4 \times 8^0$

● **4. 十六进制数**

十六进制数有 0 ~ 9 及 A、B、C、D、E、F 共 16 个数码，其中 A ~ F 分别表示十进制数的 10 ~ 15。十六进制计数特点及进位原则是"逢十六进一"。十六进制的基数为 16，位权为 16^K（K 为整数）。

例：把十六进制数 A1234 按位权展开。

解：$(A1234)_{16} = A \times 16^4 + 1 \times 16^3 + 2 \times 16^2 + 3 \times 16^1 + 4 \times 16^0$

（二）不同进制数的转换

计算机中数的存储和运算都使用二进制数。计算机在处理其他进制的数时，都必须转成二进制数，处理完后，输出结果时，再把二进制数转换成常用的数制。下面介绍不同数制间的转换方法。

● 1. 二进制数和八进制数互换

二进制数转换成八进制数时，只要从小数点位置开始，向左或向右每三位二进制划分为一组（不足三位时可补0），然后写出每一组二进制数所对应的八进制数码即可。

例：将二进制数（10110001.111）转换成八进制数：

010　110　001.111

　2　　6　　1　7

即二进制数（10110001.111）转换成八进制数是（261.7）。反过来，将每位八进制数分别用三位二进制数表示，就可完成八进制数和二进制数的转换。

● 2. 二进制数和十六进制数互换

二进制数转换成十六进制数时，只要从小数点位置开始，向左或向右每四位二进制划分为一组（不足四位时可补0），然后写出每一组二进制数所对应的十六进制数码即可。

例：将二进制数（11011100110.1101）转换成十六进制数：

0110　1110　0110.1101

　6　　E　　6　　D

即二进制数（11011100110.1101）转换成十六进制数是（6E6.D）。反过来，将每位十六进制数分别用三位二进制数表示，就可完成十六进制数和二进制数的转换。

● 3. 八进制数、十六进制数和十进制数的转换

这三者转换时，可把二进制数作为媒介，先把被转换的数转换成二进制数，然后将二进制数转换成要求转换的数制形式。

● 4. 二进制数、八进制数、十六进制数转换成十进制数

用按权展开法：把一个任意 R 进制数 $a_n a_{n-1}\cdots a_1 a_0 \cdot a_{-1} a_{-2}\cdots a_{-m}$ 转换成十进制数：

$a_n \times R^n + a_{n-1} \times R^{n-1} + \cdots + a_1 \times R^1 + a_0 \times R^0 + a_{-1} \times R^{-1} + a_{-2} \times R^{-2} + \cdots + a_{-m} \times R^{-m}$

其十进制数值为每一位数字与其位权之积的和。

例如：

$101.11_{(2)} = 1 \times 2^2 + 0 \times 2^1 + 1 \times 2^0 + 1 \times 2^{-1} + 1 \times 2^{-2} = 5.75_{(10)}$

$2001.1_{(8)} = 2 \times 8^3 + 1 \times 8^0 + 1 \times 8^{-1} = 1025.125_{(10)}$

$2A03_{(16)} = 2 \times 16^3 + 10 \times 16^2 + 0 \times 16^1 + 3 \times 16^0 = 10755_{(10)}$

▶ 二、数据编码

数据编码就是规定用什么样的二进制码来表示字母、数字以及专用符号。在计算机系统中有两种字符编码方式：ASCII 码和 EBCDIC 码。ASCII 码使用最为普遍，主要用在微型机与小型机中，而 EBCDIC 码（Extended Binary Coded Decimal Interchange Code，扩展的二－十进制交换码）主要用在 IBM 的大型机中。

●●（一）西文信息编码

计算机不仅能进行数值型数据的处理，而且还能进行非数值型数据的处理。最常

见的非数值型数据是字符数据。字符数据在计算机中也是用二进制数表示的，每个字符对应一个二进制数，称为二进制编码。

● 1. BCD 码

二进制具有很多优点，所以在计算机内部采用二进制数进行运算。但二进制数读起来不直观，通常人们希望用十进制数进行输入，在计算机内部用二进制数进行运算，输出时再将二进制数转换成十进制数。通常将十进制数的每一位写成二进制数，这种采用若干位二进制数码表示一位十进制数的编码方案，称为二进制编码的十进制数，简称为二–十进制编码，即 BCD 码。BCD 码的编码方案很多，其中 8421 码是最常用的一种。

● 2. ASCII 码

字符的编码在不同的计算机上应当是一致的，这样便于交换与交流。目前计算机中普遍采用的是 ASCII（American Standard Code for Information Interchange）码，中文含义是美国标准信息交换码。ASCII 码由美国国家标准局制定，后被国际标准化组织（ISO）采纳，作为一种国际通用信息交换的标准代码。

ASCII 码用 7 位二进制数来表示数字、英文字母、常用符号（如运算符、括号、标点符号、标识符等）及一些控制符等。7 位二进制数一共可以表示 128 个字符：10 个阿拉伯数字 0 ~ 9（ASCII 码为 48 ~ 57）、52 个大小写英文字母（A~Z 的 ASCII 码为 65 ~ 90，a~z 的 ASCII 码为 97 ~ 122）、32 个标点符号和运算符，以及 34 个控制符，如表 1–3 所示。

表 1–3　ASCII 码表

ASCII 码	控制字符	ASCII 值	控制字符	ASCII 值	控制字符	ASCII 值	控制字符
0	NUT	32	（SPACE）	64	@	96	、
1	SOH	33	!	65	A	97	a
2	STX	34	"	66	B	98	b
3	ETX	35	#	67	C	99	c
4	EOT	36	$	68	D	100	d
5	ESQ	37	%	69	E	101	e
6	ACK	38	&	70	F	102	f
7	BEL	39	'	71	G	103	g
8	BS	40	(	72	H	104	h
9	HT	41	)	73	I	105	i
10	LF	42	*	74	J	106	j
11	VT	43	+	75	K	107	k
12	FF	44	,	76	L	108	l
13	CR	45	–	77	M	109	m
14	SO	46	.	78	N	110	n
15	SI	47	/	79	O	111	o
16	DLE	48	0	80	P	112	p
17	DC1	49	1	81	Q	113	q

ASCII 码	控制字符	ASCII 值	控制字符	ASCII 值	控制字符	ASCII 值	控制字符
18	DC2	50	2	82	R	114	r
19	DC3	51	3	83	S	115	s
20	DC4	52	4	84	T	116	t
21	NAK	53	5	85	U	117	u
22	SYN	54	6	86	V	118	v
23	TB	55	7	87	W	119	w
24	CAN	56	8	88	X	120	x
25	EM	57	9	89	Y	121	y
26	SUB	58	:	90	Z	122	z
27	ESC	59	;	91	[	123	{
28	FS	60	<	92	\	124	|
29	GS	61	=	93	]	125	}
30	RS	62	>	94	^	126	~
31	US	63	?	95	_	127	DEL

ASCII 码本来是为信息交换所规定的标准，由于字符数量有限，编码简单，所以在计算机中进行输入、存储、内部处理时也往往采用这种标准。

●●（二）中文信息编码

汉字也是一种字符数据，在计算机中同样也用二进制数表示，称为汉字的机内码。用二进制数表示汉字时需要依据编码标准进行编码。常用汉字编码标准有 GB 2312—1980、BIG-5、GBK。汉字机内码通常占两个字节，第一个字节的最高位是 1，这样就不会与存储 ASCII 码的字节混淆。

计算机显示或打印汉字时，把每个汉字看成一个图形，这个图形用点阵信息来描述。将所有汉字的点阵信息按照机内码的顺序存储起来就形成汉字库。汉字库根据字体的不同通常有多套。显示或打印汉字时，根据机内码找到相应的点阵信息，再作为图形显示或打印。

任务五　认识多媒体技术

任务描述

　　媒体（medium）有两重含义，一是指存储信息的实体，如磁盘、光盘等，中文常译作媒质；二是指传递信息的载体，如数字、文字、声音、图形、图像等，中文译作媒介。

　　多媒体是融合两种或者两种以上媒体的一种人－机交互式信息交流和传播媒体，使用的媒体包括文字、图形、图像、声音、动画和电视图像（video）。多媒体（multimedia）是一种全新的信息表现形式，诞生于20世纪90年代，是计算机技术发展的产物，它是一种将信息学、心理学、传播学、美学融于一体的传播媒体。

　　多媒体技术是指把文字、音频、视频、图形、图像、动画等多媒体信息通过计算机进行数字化采集、获取、压缩/解压缩、编辑、存储等加工处理，再以单独或合成形式表现出来的一体化技术。

　　本任务要求了解多媒体技术，熟悉多媒体文件格式，会使用音频和视频播放软件。

任务实现

请参看表1-4了解多媒体元素的内容。

表1-4　媒体元素

文本	指各种文字，包括各种字体、尺寸、格式及色彩的文本
图形和图像	图形是指从点、线、面到二维空间的黑白或彩色几何图；图像是由像素点阵组成的画面
视频	是图像数据的一种，若干有联系的图像数据连续播放便形成了视频
音频	音频包括音乐语音和各种音响效果
动画	是利用了人眼的视觉暂留特性，快速播放一连串静态图像，在人的视觉上产生平滑流畅的动态效果就是动画。二维计算机动画按生成的方法可以分为逐帧动画、关键帧动画和造型动画等几大类

▶ 一、多媒体的关键技术

　　多媒体技术很重要的内容是对图像与声音进行操作、存储与传送。这就需要将每幅图像从模拟量转换成数字量，然后进行图像处理，与图形文字等复合，再存储在计算机内。但是进行管理、操作和存储的图像并不只是数量很少的静止图像，而是符合视频标准的每秒 30 帧的彩色图像。如果由多媒体计算机存储器来播放 1 秒的音像制品，那么信息量就高达 22.5 MB，而目前用来存储图像、程序的光盘 CD-ROM，容量只有 550 MB。可见如果不对图像采用压缩技术，仅存储图像的这一点要求就无法达到，何况 CD-ROM 的数据传输率也只有 150 kbps，无法做到多幅图像的实时再现。图像数据如果不压缩，那么实现多媒体通信也就不可能。

图像压缩是将图像用像素存储的方式，经过图像变换、量化和高效编码等处理，转换成特殊形式的编码。这样一来，计算机所需存储与实时传送的数据量就可大大降低。

要进一步推动多媒体技术的应用，加快多媒体产品的实用化、产业化和商品化的步伐，首先就要研究多媒体的关键技术，其中主要包括数据压缩与解压缩、媒体同步、多媒体网络和超媒体等。

多媒体计算机系统要求具有综合处理声、图、文信息的能力。高质量的多媒体系统要求面向三维图形、立体声音和真彩色高保真全屏幕运动画面。为了达到满意的效果，要求实时地处理大量数字化视频、音频信息，这对计算机及通信系统的处理、存储和传输能力都提出了新的要求。视频和音频信号数据量大，同时传输速度要求高。因此，对多媒体信息必须进行实时压缩和解压缩。

从 1948 年 Oliver 提出 PCM（脉冲编码调制）编码理论以来，已有 60 多年的历史，60 年来编码技术已日趋成熟。

目前，主要有三大编码及压缩标准。

（1）JPEG（joint photographic experts group）标准。JPEG 标准制定于 1986 年，是第一个图像压缩国际标准，主要针对静止图像。该标准制定了有损和无损两种压缩编码方案。广泛应用于多媒体 CD-ROM、彩色图像传真、图文档案管理等方面。JPEG 标准对单色和彩色图像的压缩比通常分别为 10∶1 和 15∶1。

（2）MPEG（moving picture experts group）。这个标准实际上是数字电视标准，它包括三个部分：MPEG-Video、MPEG-Audio 及 MPEG-System。MPEG 是针对 CD-ROM 式有线电视（Cable-TV）传播的全动态影像，它严格规定了分辨率、数据传输速率和格式，MPEG 的平均压缩比为 50∶1。

（3）H.261 标准。这是 CCITT 所属专家组倾向于为可视电话（video phone）和电视会议（video conference）而制定的标准，是关于视像和声音的双向传输标准。

经过 60 多年的努力，已经产生了各种各样针对不同用途的压缩算法、压缩手段和实现这些算法的大规模集成电路和计算机软件。但研究仍未停止，人们还在继续搜索更加有效的压缩算法及其用硬件或者软件实现的方法。近年来提出的分形压缩算法、采用小波的压缩算法等，都被看做是极有前景的压缩技术。目前，又推出了 H.264 标准和 MPEG-4 标准等。

●●●（一）多媒体计算机基本结构

一个功能较齐全的多媒体计算机系统从处理的流程来看包括输入设备、计算机主机、输出设备、存储设备几个部分，而从处理过程中的功能作用看则分为以下几个部分：

（1）音频部分负责采集、加工、处理波表与 MIDI 等多种形式的音频素材。需要的硬件有录音设备、MIDI 合成器、高性能的声卡、音箱、话筒、耳机等。

（2）图像部分负责采集、加工、处理各种格式的图像素材。需要的硬件有静态图像采集卡、数字化仪、数码相机、扫描仪等。

（3）视频部分负责采集、编辑计算机动画与视频素材。对机器速度、存储要求较高。需要的硬件设备有动态图像采集卡、数字录像机以及海量存储器等。

（4）输出部分可以用打印机打印输出或在显示器上进行显示。显示器可以用来实时显示图像、文本等，但是不能长期保存数据，更不能播放声音。声音需要放大器、喇叭、音响或 MIDI 合成器等设备才能回放。像显示器一类的关机后信息就会丢失的输出设备一般称为软输出设备，投影电视、电视等都属于此类；而像打印机、胶片记录仪、图像定位仪等则是硬输出设备，它们可以长期保存数据。

（5）存储部分可以用刻录机刻成光盘保存。硬盘（IDE 硬盘、SCSI 硬盘、S-ATA 硬盘等）的容量现已极大提高，10 TB 硬盘已经出现。另外硬盘的转速也提高很快，目前已经达到每分钟 10 000 转。

▶ 二、多媒体计算机应用

● 1. 科学研究

由于多媒体计算机能够处理多种媒体信息，因此是科研领域的有力工具。因为在科学研究中有很多资料、信息不是用文字来表达的，而往往是一些图片、波形或者曲线，对于这种类型的信息资料就需要使用多媒体计算机进行分析和研究。使用多媒体计算机还可实现设计物件、测量物体的模拟显示。

● 2. 邮电通信

由于多媒体计算机可实现图、文、声、像等多种媒体信息的传送与处理，因此很适合用于邮电通信。由多媒体计算机控制的多媒体电话可使千里之外的亲友"面对面"地交谈，通过多媒体计算机网络还可以实时传送信函、图片、新闻、动画等。

● 3. 办公自动化

通过多媒体计算机网络可方便地传送公文、信函、报告、报表等，还可以查阅文件资料、召开视频会议、讨论重大问题、实现网上办公等。

● 4. 教育与培训

计算机辅助教学是计算机应用的一个重要方面，多媒体技术使计算机辅助教学如虎添翼。多媒体技术将课文、图表、声音、动画等组合在一起，形象地表达教学内容，有利于因材施教，学习结束时还可自动考评学员成绩。通过计算机网络，可实现立体化的远程教学，克服地域限制。另外，在军事、体育、医学、驾驶员培训等方面均可实现模拟教学与训练。

● 5. 文档管理

文史资料、档案管理无疑对人类社会有重要意义，但是各种文献资料的整理、保存、查阅一直是人们大伤脑筋的问题。在使用计算机管理之后，方便了检索查询，但是要阅读其内容，还得翻阅原始资料，这样做既麻烦又不利于原始资料的保存。在使用多媒体技术及多媒体计算机之后，文档内容可以整体输入计算机的存储器中，再赋予各种图片与文字说明，方便了检索查询和阅读，需要时还可以打印出来。

● 6. 电视商业广告与电子商务

用多媒体计算机可以方便地进行节目编辑、片头以及各种商业广告的制作等，通过网络还可以实现电子商务等。

● 7. 信息服务

通过多媒体计算机网络可实现远距离的信息查询、资料检索。可以利用 CD-ROM 的巨大存储空间，结合多媒体技术的声像功能制作科学百科全书、地图系统、旅游指南、文物古迹介绍等电子书籍，供用户浏览和使用。

● 8. 文化娱乐

利用多媒体技术可以制作各种动画片，还可以进行电影、电视、戏剧的存储与播放，为人们提供文化娱乐服务。

● 9. 安全保卫

通过摄像镜头记录现场实况，可以跟踪目标等，可用于机场、车站、码头等地，还可以利用多媒体技术进行密码、指纹、相貌鉴别以及夜间值守、查询异常情况、及时报警或采取应急措施等。

▶ 三、图形、图像文件的格式和特点

●●●（一）常见矢量图形文件的格式和特点

● 1. AI

AI 格式是 Adobe 公司的 Illustrator 软件的输出格式，是一种分层文件，可在任何尺寸大小下按最高分辨率输出。用户可以对图形内所存在的层进行操作。

● 2. CDR

CDR 格式是绘图软件 CorelDRAW 的专用图形文件格式，最大的优点是文件容量小，便于处理。

● 3. WMF

WMF 格式是 Windows 中常见的一种图元文件格式，具有文件短小、图案造型化的特点，整个图形常由各个独立的组成部分拼接而成，其图形往往较粗糙。WMF 文件具有设备无关性，文件结构好等特点，但解码复杂，其效率比较低。

● 4. EPS

EPS 格式是由一个 PostScript 语言的文本文件和一个（可选）低分辨率的由 PICT

或 TIFF 格式描述的代表像组成。它是一种通用格式，可用于矢量图形、像素图像以及文本的编码，即在一个文件中同时记录图形与文字。

● 5. EMF

EMF 格式是由 Microsoft 公司开发的 Windows 32 位拓展图元文件格式，目的是用来解决 WMF 格式从复杂的图形程序中打印图形时出现的不足。

●●（二）常见位图图像文件的格式和特点

● 1. GIF

GIF 格式最多只能储存 256 色，所以通常用来显示简单图形及字体。GIF 分为静态 GIF 和动画 GIF，支持透明背景图像。GIF 是经过压缩的文件格式，因此一般占用的空间比较小，适用于网络传播。

● 2. PNG

PNG 格式采用无损压缩算法，支持 24 位图像并产生无锯齿状边缘的背景透明度。PNG 格式图片具有的高保真性、透明性及文件体积较小等特性，因此被广泛应用于网页设计、平面设计中。Macromedia 公司的 Fireworks 软件的默认格式就是 PNG。

● 3. PSD

PSD 格式是 Adobe 公司的图像处理软件 Photoshop 的专用格式，可以保留图像的通道蒙版、图层和颜色模式等所有信息。一般在 Photoshop 中制作和处理图像时建议存储为该格式以便于后续的修改，待制作完成后再转换为其他图像文件格式。

● 4. JPEG

JPEG 格式是一种广泛适用的高效率的 24 位图像文件压缩格式，能够将图像压缩在很小的储存空间，去除冗余的图像和彩色数据，但容易造成图像数据的损伤。同属一幅画用 JPEG 格式存储的文件是其他类型文件的 1/10 ~ 1/20，通常只有几十 KB，而颜色仍然是 24 位。

● 5. TIFF

TIFF 是一种灵活多变的文件格式，使用 LZW 无损压缩方式，独立于操作系统和文件系统。此格式的图像存储内容多，占用存储空间大，其大小是 GIF 图像的 3 倍，是相应的 JPEG 图像的 10 倍，适用于打印、印刷输出的图像。

● 6. BMP

BMP 格式是 Windows 中的标准图像文件格式，具有多种分辨率，支持 RGB、索引、灰度及位图等颜色模式。该格式的图像文件将数字图像中的每一个像素对应存储，一般不采用压缩方法，因此图像文件比较大，特别是具有 24 位图像深度的真彩图像更是如此。各种常用的图形图像软件都可以对该格式的图像文件进行编辑和处理。

▶ 四、常见音频文件格式和特点

●● (一) MP3

MP3 是 MPEG Audio Layer3 音频文件的缩写，其具有的优美音质和高压缩比等优点使其成为目前最流行的音频文件格式。MPEG 音频文件采用的是有损压缩，根据压缩质量和编码复杂程度的不同分为三层（MPEG Audio Layer 1/2/3），分别对应 MP1、MP2 和 MP3 这三种声音文件。MPEG 音频编码具有很高的压缩率，MP1 的压缩率为 4：1，MP2 的压缩率为 6：1～8：1，而 MP3 的压缩率可达到 10：1～12：1。但由于其采用的是有损压缩，因此音质与 CD 相比会有一定的差异。

●● (二) WAV

WAV 文件是 Microsoft 公司的音频文件格式，来源于对声音的模拟波形的采样，并以不同的量化位数把这些采样点的值转换为二进制数，从而存入磁盘。该格式文件支持多种音频压缩算法及多种音频位数、采样频率和多声道，缺点是这种文件格式的尺寸较大，比较适用于存储简短的声音文件。

●● (三) MIDI

MIDI 是计算机数字音乐接口生成的音频文件，文件数据量比较小。MIDI 文件记录的是一系列的指令而不是数字化后的波形数据，它将电子乐器弹奏时的每个音符的音高、音色、响度、变调、持续时间等一连串的数字信息直接记录。播放时只需从中读出 MIDI 消息，生成所需的乐器声音波形，经放大处理即可输出。

●● (四) CD

CD 是标准的光盘文件，是目前最好的音频格式，其拓展名为 .cda，采样频率为 44.1 k，速率为 88 kbps，量化位数为 16 位。CD 光盘可以在 CD 唱机中播放，也可以用电脑上的各种播放软件播放。一个 CD 音频文件是一个 *.cda 文件，里面不包含声音信息，只作为一个索引信息，所以不论 CD 音乐的长短，在电脑上看到的 *.cda 文件都是 44 字节长。如需把 *.cda 文件放到硬盘上播放，直接复制是没有用的，需要借助抓音轨软件（如 EAC）把 CD 格式的文件转化为 WAV 格式文件才行。

●● (五) WMA

WMA 全称为 Windows Media Audio，是 Microsoft 公司推出的与 MP3 格式齐名的一种新的音频格式，但音质要强于 MP3，在较低的采样频率下也能产生较好的音质，其压缩比一般为 18：1。WMA 支持音频流技术，适合在网络上进行在线播放。

●● (六) RA

RA（Real Audio）是一种可以在网络上实时传送和播放的流媒体音频文件格式。RA 文件压缩比例高，因此文件数据量小，适合在网络传输速率较低的互联网上使用。

其缺点是高压缩比造成声音失真比较严重，但在可以接受的范围内。

▶ 五、视频文件格式和特点

●●（一）WMV

WMV 是微软公司默认的格式，属于流媒体格式。它采用独立的编码方式，可以实时地在网络上传播。WMV 格式具有可扩充的媒体类型、可伸缩的媒体类型、本地或网络回放、流的优先级化、多语言支持、环境独立性、拓展性等特点。在课件制作中推荐使用该格式的视频文件。

●●（二）RMVB

RMVB 是一种流媒体格式，在流媒体的 RM 影片格式上升级延伸而来。RMVB 打破原先 RM 格式压缩的平均比特率，降低了静态画面下的比特率，采用 8.0 格式，从而优化视频的比特率，提高效率，节约资源。

●●（三）FLV

FLV 流媒体格式是随着 Flash MX 的推出发展而来的新视频格式，是 Flash Video 的简称。该格式形成的文件小，加载速度极快，因此是可以在线观看的视频文件。它同时解决了视频文件导入 Flash 后，使导出的 SWF 文件体积庞大，不能在网络上很好的使用等缺点。但该格式的视频文件画面清晰度比较低。

●●（四）ASF

ASF 是（Advanced Streaming Format，高级串流格式）的缩写，是一种用户可以直接在网上观看视频节目的文件压缩格式。在课件制作中推荐使用该格式的视频文件。

●●（五）AVI

AVI 是一种音频、视频交差记录的数字视频文件格式，可以将视频、音频交织在一起进行同步播放。其压缩算法采用 Intel 公司 Indeo 视频有损压缩技术，是在帧内进行有损压缩，所以数据量比较大，但图像质量好，是应用最广泛的视频格式。

●●（六）MPGE

MPGE 是一种比较常见的视频文件格式，它采用运动图像压缩算法的国际标准，使用了有损压缩方法减少运动图像中冗余的信息，压缩比高，平均达到 50 ：1，最高可达到 200 ：1。目前 MPGE 格式有三个压缩标准，分别为 MPGE–1、MPGE–2 和 MPGE–4。

MPGE–1：该标准是针对传输 1.5 Mbps 数据传输率的数字存储媒体运动图像及其伴音而设置的国际标准。大部分 VCD 视频就采用这种压缩标准。这种视频格式的文件扩展名包括 .mpg，.m1v，.mpe，.mpeg 及 VCD 光盘中的 .dat 文件等。

MPGE–2：该标准是针对标准数字电视和高清晰度电视在各种应用下的压缩方案

和系统层的详细规定，编码率为 3 ~ 100 Mbps。因此这种标准主要应用于 DVD 的制作，以及一些高清晰电视广播和一些高要求视频的编辑和处理。这种视频格式的文件扩展名包括 .mpg，.mpe，.mpeg，.m2v 及 DCD 光盘中的 .vob 文件等。

MPGE-4：该标准是为了播放流式媒体的高质量视频而专门设计的，能够在较小的带宽中进行视频传输，压缩率相对于前两个标准高。该标准最大的特点是它能保存接近于 DVD 画质的小体积视频文件。另外这种文件格式还包含了以前 MPEG 压缩标准所不具备的比特率的可伸缩性、交互性，甚至版权保护等一些特殊功能。

●●（七）MOV

MOV 是美国 Apple 公司推出的在 Macintosh 计算机上使用的视频文件格式，默认的播放器是 QuickTime。该格式也采用 Intel 公司 Indeo 视频有损压缩技术，压缩比率较高，视频画面清晰。除此之外该格式的最大特点就是跨平台性。

任务六　了解信息安全与计算机环保

任务描述

　　计算机的广泛应用已经对经济、文化、教育与科学的发展产生了重要的影响，同时也不可避免地带来了一些新的社会、道德、政治与法律问题。

　　计算机犯罪正在引起社会的普遍关注，对社会也构成了很大的威胁。目前计算机犯罪和黑客攻击事件逐年高速增加，计算机病毒的增长速度更加迅速，它们都给计算机网络带来了很大的威胁。

　　通过本任务的学习，了解信息安全的基础知识，使学生具有信息安全意识；了解计算机病毒的基础知识和防治方法，具有计算机病毒的防范意识；了解并遵守知识产权等相关法律法规和信息活动中的道德要求。

任务实现

▶ 一、信息安全的概念与特征

　　信息安全是一门涉及计算机科学、网络技术、通信技术、密码技术、信息安全技术、应用数学、数论、信息论等多种学科的综合性学科。

　　信息安全是指网络系统的硬件、软件及其系统中的数据受到保护，不受偶然的或者恶意的攻击而遭到破坏、更改、泄露，系统连续可靠正常地运行，网络服务不中断。网络安全从其本质上来讲就是网络上的信息安全。从广义上来说，凡是涉及网络上信息的保密性、完整性、可用性、真实性和可控性的相关技术和理论都是网络安全的研究领域。一个安全的计算机网络应该具有如下几个方面的特征。

　　（1）网络系统的可靠性，是指保证网络系统不因各种因素的影响而中断正常工作。

　　（2）软件和数据的完整性，是指保护网络系统中存储和传输的软件（程序）与数据不被非法操作，即保证数据不被插入、替换和删除，数据分组不丢失、乱序，数据库中的数据或系统中的程序不被破坏等。

　　（3）软件和数据的可用性，是指在保证软件和数据完整的同时，还要使其能被正常利用和操作。

　　（4）软件和数据的保密性，主要是利用密码技术对软件和数据进行加密处理，保证在系统中存储和网络上传输的软件和数据不被无关人员识别。

▶ 二、威胁信息安全的原因

网络设备、软件、协议等网络自身的安全缺陷，网络的开放性以及黑客恶意的攻击是威胁网络安全的根本原因。而网络管理手段、技术、观念的相对滞后也是导致安全隐患的一个重要因素。

●●（一）黑客攻击

黑客（Hacker）是指网络的非法入侵者，其起源可追溯到20世纪60年代，目前已经成为一个人数众多的特殊群体。

通常黑客是为了获得非法的经济利益或达到某种政治目的对网络进行入侵的，也有单纯出于个人兴趣对网络进行非法入侵的，而前者的危害性往往更大。近几年随着网络应用的日益普及，全社会对网络的依赖程度不断提高，而网络的入侵者也已经不仅仅局限于单个黑客或黑客团体，一些政府或军事集团出于信息战的需要，也开始通过入侵对手网络来搜集信息，甚至通过入侵对手网络来直接打击对手。

●●（二）自然灾难

计算机信息系统仅仅是一个智能的机器，易受自然灾难及环境（温度、湿度、震动、冲击、污染）的影响。目前，不少计算机房并没有防震、防火、防水、避雷、防电磁泄漏或干扰等安全防护措施，接地系统也疏于周到考虑，抵御自然灾难和意外事故的能力较差。

●●（三）人为的无意失误

如操作员安全配置不当造成的安全漏洞、用户安全意识不强、用户口令选择不慎、用户将自己的账号随意转借他人或与别人共享等都会对网络安全带来威胁。

●●（四）网络软件的漏洞和"后门"

网络软件不可能是百分之百的无缺陷和无漏洞的，然而这些漏洞和缺陷恰恰是黑客进行攻击的首选目标，曾经出现过的黑客攻入网络内部的事件，这些事件的大部分原因是安全措施不完善所造成的。另外，软件的"后门"都是软件公司的设计编程人员为了自便而设置的，一般不为外人所知，但一旦"后门"洞开，其造成的后果将不堪设想。

●●（五）计算机病毒

20世纪90年代，出现了曾引起世界性恐慌的"计算机病毒"，其蔓延范围广、增长速度惊人，损失难以估计。它像灰色的幽灵一样将自己附在其他程序上，在这些程序运行时进入到系统中进行扩散。计算机感染上病毒后，轻则系统工作效率下降，重则造成系统死机或毁坏，使部分文件或全部数据丢失，甚至造成计算机主板等部件的损坏。

▶ 三、计算机病毒的概述

●●（一）计算机病毒的定义与常见症状

计算机病毒是一组通过复制自身实现感染其他软件为目的的程序。当程序运行时，嵌入的病毒也随之运行并感染其他程序。一些病毒不带有恶意攻击性编码，但更多的病毒携带毒码，一旦被事先设定好的环境激发，即可感染和破坏。在《中华人民共和国计算机信息系统安全保护条例》中明确将计算机病毒定义为："指编制或者在计算机程序中插入的破坏计算机功能或者破坏数据，影响计算机使用并且能够自我复制的一组计算机指令或者程序代码"。计算机病毒与医学上的"病毒"是不同的，它不是一种生物而是一种人为的特制程序，可以自我复制，具有很强的感染性，一定的潜伏性，特定的触发性，严重的破坏性。

由于病毒的入侵，必然会干扰和破坏计算机的正常运行，从而产生种种外部现象。计算机系统被感染病毒后常见的症状如下：

（1）屏幕出现异常现象或显示特殊信息；

（2）喇叭发出怪音、蜂鸣声或演奏音乐；

（3）计算机运行速度明显减慢，这是病毒在不断传播、复制，消耗系统资源所致；

（4）系统无法从硬盘启动，但软盘启动正常；

（5）系统运行时经常发生死机和重启动现象。

（6）读写磁盘时嘎嘎作响并且读写时间变长，有时还出现"写保护"的提示；

（7）内存空间变小，原来可运行的文件无法装入内存；

（8）磁盘上的可执行文件变长或变短，甚至消失；

（9）某些设备无法正常使用；

（10）键盘输入的字符与屏幕反射显示的字符不同；

（11）文件中无故多了一些重复或奇怪的文件；

（12）网络速度变慢或者出现一些莫名其妙的连接；

（13）电子邮箱中有不明来路的信件，这是电子邮件病毒的症状。

●●（二）计算机病毒的特征

计算机病毒具有破坏性、传染性、寄生性、潜伏性和激发性等特征。

● 1. 破坏性

计算机病毒的破坏性因计算机病毒的种类不同而差别很大。有的计算机病毒仅干扰软件的运行而不破坏该软件；有的无限制地侵占系统资源，使系统无法运行；有的可以毁掉部分数据或程序，使之无法恢复；有的恶性病毒甚至可以毁坏整个系统，导致系统崩溃。据统计，全世界因计算机病毒所造成的损失每年以数百亿计。

● 2. 传染性

传染性是计算机病毒最基本的特性，是衡量一个程序是否是计算机病毒的首要条件。通常，计算机病毒具有很强的再生机制，一旦进入计算机并得以执行，就与系统中的程序连接在一起，并将自身代码强行传染（连接或覆盖）到一切符合其传染条件的未受传染的其他程序上，迅速地将病毒扩散到磁盘存储器和整个计算机系统上。计算机病毒可通过各种可能途径，如软盘、光盘、计算机网络等去传染其他的计算机，每一台被感染了计算机病毒的计算机本身既是受害者，又是一个新的计算机病毒的传染源，若不加以控制，通过数据共享的途径、计算机病毒会非常迅速地蔓延开。

● 3. 寄生性

病毒程序一般不独立存在，而是寄生在磁盘系统区或文件中。侵入磁盘系统区的病毒称为系统型病毒，其中较常见的是引导区病毒，如大麻病毒、2078 病毒等。寄生于文件中的病毒称为文件型病毒，如以色列病毒（黑色星期五）等。还有一类既寄生于文件中又侵占系统区的病毒，如"幽灵"病毒、Flip 病毒等，属于混合型病毒。

● 4. 潜伏性

与隐蔽性关联的是计算机病毒的潜伏性。计算机病毒程序被感染和进行破坏活动一般在时间上是分开的。大部分的病毒感染系统之后一般不会马上发作，它可长期隐蔽在系统中，只有在满足特定的触发条件时才启动其表现（破坏）模块，显示病毒程序的存在，而这时病毒往往已经感染相当严重了。计算机病毒的潜伏性与传染性相辅相成，潜伏性越好，其在系统中存在的时间就会越长，病毒传染范围也就会越大。例如，CIH 病毒 1.2 版只在 4 月 26 日发作，1.3 版只在 6 月 26 日发作；"黑色星期五"（Black Friday/Jerusalem Virus/1813 等）只在逢 13 号的星期五发作。这些病毒在平时会隐藏得很好，只有在触发条件满足时才会露出其本来面目。

● 5. 激发性

计算机病毒一般都有一个激发条件：或者激活一个病毒的传染机制使之进行传染，或者激活计算机病毒的表现部分或破坏部分。计算机病毒使用的激发条件主要有：利用计算机内的实时时钟提供的时间、利用病毒体内自带的计数器、利用计算机内执行的某些特定操作、利用特定用户标识符或特定文件的出现或使用等等，而且常常使用多个条件组合起来的激发条件。大多数病毒的组合激发条件是基于时间的，再辅以读写盘操作、按键操作以及其他条件。

●●（三）计算机病毒的传播途径

计算机病毒是一种特殊形式的计算机软件，与其他正常软件一样，在未被激活，即未被运行时，均存放在磁记录设备或其他存储设备中才得以被长期保留，一旦被激活又能四处传染。U 盘、硬盘、光盘、ROM 芯片等存储设备都可能因载有计算机病毒而成为病毒的载体，像硬盘这种使用频率很高的存储设备，被病毒感染成为带毒硬盘的概率是很高的。虽然在绝大多数情况下没有必要为杀毒而进行低级格式化，但低级格式化却因清理了所有扇区，可彻底清除掉硬盘上隐藏的所有计算机病毒。

计算机病毒的传播首先要有病毒的载体，病毒通过载体进行传播。病毒是软件程序，是具有自我复制功能的计算机指令代码，编制计算机病毒的计算机是该病毒的第一个传染载体。由这台计算机作为传染源，该病毒通过各种渠道传播开去。计算机病毒的各种传染途径主要如下。

● 1. 非移动介质

是指通过通常不可移动的计算机硬设备进行传染，这些设备有装在计算机内的 ROM 芯片、专用的 ASIC 芯片、硬盘等。即使是新购置的计算机，病毒也可能已在计算机的生产过程中进入了 ASIC 芯片组或在生产销售环节进入到 ROM 芯片或硬盘中。

● 2. 可移动介质

这种渠道是通过可移动式存储设备，使病毒能够进行传染。可移动式存储设备包括软盘、光盘、可移动式硬盘、USB 等，在这些移动式存储设备中，软盘在早期计算机网络还不普及时是计算机之间互相传递文件使用最广泛的存储介质，因此，软盘也成为当时计算机病毒的主要寄生地。

● 3. 计算机网络

人们通过计算机网络传递文件、电子邮件。计算机病毒可以附着在正常文件中，当用户从网络另一端得到一个被感染的程序并在其计算机上未加任何防护措施的情况下运行时，病毒就传染开了。目前 70% 的病毒都是通过强大的互联网肆意蔓延开的。当前，Internet 上病毒的最新趋势是：

①不法分子或好事之徒制作的匿名个人网页直接提供了下载大批病毒活样本的便利途径。

②学术研究的病毒样本提供机构同样可以成为别有用心的人的使用工具。

③由于网络匿名登录才能加入的关于病毒制作研究讨论的学术性质的电子论文、期刊、杂志及相关的网上学术交流活动等论坛或组织，如病毒制造协会年会等，都有可能成为国内外任何想成为新的病毒制造者学习、借鉴、盗用、抄袭的目标与对象。

④网站上大批病毒制作工具、向导、程序等，使得无编程经验和有一定基础的人制造新病毒成为可能。

⑤新技术、新病毒使得几乎所有人在不知情时无意中成为病毒扩散的载体或传播者。

▶ 四、如何防范和清除计算机病毒

●●（一）计算机病毒的预防

计算机病毒的防治关键是做好预防工作，即防患于未然。而预防工作应包含思想认识、管理措施和技术手段三个方面的内容。

● 1. 牢固树立预防为主的思想

病毒防治关键是要在思想上足够重视。用户平时应坚持以预防为主、兼杀为辅的原则，由于计算机病毒的隐蔽性和主动攻击性，要杜绝病毒的感染，在目前情况下，特别是对于网络系统和开发系统而言，几乎是不可能的。因此，采取以预防为主，防治结合的防治策略可降低病毒感染、传播的概率。

● 2. 制定切实可行的预防管理措施

制定切实可行的预防病毒的管理措施，并严格地贯彻执行。大量实践表明这种主动预防的策略是行之有效的。预防管理措施包括：

①新购置的计算机软件也要进行计算机病毒检测。有些软件厂商发售的软件，可能无意中已被计算机病毒感染。就是正版软件也难保证没有携带计算机病毒。因此，只要条件许可，就要进行病毒检测，用软件工具检查已知计算机病毒，用人工检测方法检查未知计算机病毒，并经过证实没有计算机病毒感染和破坏迹象后再使用。

②计算机系统的启动。在保证硬盘无病毒的情况下，尽量使用硬盘引导系统。启动前，一般应将软盘从软盘驱动器中取出，这是因为即使在不通过软盘启动的情况下，只要软盘在启动时被读过，病毒仍然会进入内存进行传染。用户可以通过设置 CMOS 参数，使计算机启动时直接从硬盘引导启动，而根本不去读软盘。

③定期与不定期地进行备份工作。对重要的数据应在保证没有病毒的前提下及时进行备份，特别是要用 BOUTSAFE 等实用程序或用 DEBUG 编程提取分区表等方法做好硬盘分区表、引导扇区等关键数据的备份工作，作为以后维护和修复系统时的参考。对于软盘，要尽可能将数据和程序分别存放，装程序的软盘要写保护。任何情况下，都应时刻保留有一张写保护的、无病毒的系统启动盘，用于清除病毒和维护系统。

④尽量减少软盘的交叉使用和谨慎网上下载。不用盗版软件和来历不明的磁盘。将外来盘拷入计算机之前，一定要用多种杀毒软件交叉检查清杀。对服务器和重要网络设备实行物理安全保护和严格的安全操作规程，做到专机、专人、专盘、专用。严格管理和使用管理员的帐号，限制其使用范围。

⑤对于联网的计算机，不要随意直接运行或打开电子邮件中夹带的附件文件，不要随意下载软件，尤其是一些可执行文件和 Office 文档，即使下载了，也要先用最新的防病毒软件来检查。

⑥在计算机中插入防病毒卡或尽量使用具有免疫能力的操作服务器系统。

⑦严禁在计算机上玩各种电子游戏，尤其不能在网络服务器上玩游戏。

⑧建立上机登记制度。对于多人共用计算机的环境，应建立上机登记制度，做到有问题尽早发现，有病毒能及时追查、清除，使其不致扩散。

● 3. 采用技术手段预防病毒

①在计算机单机系统、网络服务器和局域网中安装、设置防火墙，对计算机和网络实行安全保护，尽可能阻止病毒侵入。

②在计算机单机系统、网络服务器安装实时监测的杀毒软件，定期查杀病毒，定期更新软件版本，使用杀病毒软件所提供的防护服务。

③将单机系统或服务器中去掉不必要的协议，如去掉系统中的远程登录 Telnet、NetBIOS 等服务协议。

④不要随意下载来路不明的可执行文件，不要随意打开来路不明的 E-mail，尤其不要执行邮件附件中携带的可执行文件。

⑤修改 CMOS 设置，将软盘驱动器设为 None 或 Not Installed，并设置 CMOS 的密码。防止病毒通过软盘侵入。

⑥不要将自己的邮件地址放在网上，以防 SirCam 病毒窃取。

⑦禁用 Windows Scripting Host（WSH），以防求职信（Klez）及其变种病毒的攻击。

⑧使用 ICQ 聊天软件时，不要轻易打开陌生人传来的页面链接，以防 "W32leave. Worm" 之类的 HTML 网页陷阱的攻击。

⑨对重要的文件采用加密的方式传输。

⑩所有计算机、服务器都要设置用户账号、口令，口令密码字符数目不要太少，并时常更换口令密码。

▶ 五、网络道德与法律

因特网最大的特点是开放性和自主性。在因特网上，人们非常自由，想说什么就可以说什么，想做什么就可以做什么。但是，凡事都得有一个度，不仅不能侵犯国家和他人的利益，还应该遵守必要的道德规范，与广大网友们友好相处，做一个遵纪守法的网民。因此，除了制定各种法规外，网民自觉培养良好的行为规范也是非常重要的。

●●（一）遵守道德规范做到文明上网

● 1. 文明进入聊天室，不随意约会网友

在电子邮件和聊天室里的用词和用语要讲究礼貌，不要太粗俗，以免伤害别人。学生们喜欢网络交友是正常的，但不能迷恋上网而影响学习，更不能随意约会网友。

● 2. 不浏览不良信息，学会取舍

不能沉迷于网络上反动、暴力甚至色情等的内容。要分清网络中的真实与虚假，不把未经证实的消息导出传播。

● 3. 不破坏网络秩序

初次进入聊天室或参加新闻组讨论，不妨多听一听、看一看，不同的场合可能有不同的规矩，不能想当然。如果你想发问，那最好查看一下，以前是否有人问过同样的问题，只有在你不满意先前的讨论时才可以重新发问。

网络上也会存在一些"不正常"的行为：强行控制别人的计算机、随意删除别人的软件和作品、扰乱他人的工作和学习，等等。我们千万不能养成这种坏习惯。

● 4. 学会维护网络安全

不要像某些胆大妄为的黑客那样，肆意攻击他人的网站，篡改他人的资料。年轻人好奇心强，遇事总想探个究竟，学了些知识，总想尝试实践。但是，这一切都应该有个限度，前提是不能破坏社会公共道德和生活秩序，不能伤害他人利益。

要尊重知识产权，对未经容许复制和扩散的软件和资料不要随便复制和扩散。

（二）尊重隐私权做守法公民

网络虽然具有虚拟性，但与在真实世界中一样，公民在网络中也拥有自己的领域。公民在网络上从事各种活动，按照自己的意志进行通信、搜索浏览信息、下载文件、网络交易等活动，只要属于与公共利益无关的私人活动，同样也属于隐私的范畴，他人不得随意监视、干扰。

隐私权表示对个人的一种尊重。每个人都有一些不愿意让他人知道的事，如私人信件和日记等。在法制社会里，尊重隐私权是每个公民的基本素质，但在现今社会上，侵犯隐私权的事件也时有发生，例如，私拆信件、偷窥、商场搜身等。有时，侵犯隐私权倒不一定是有意的，例如，在交谈时不经意地谈及纯粹是他人私人的信息。当然，保护隐私权不能用来保护犯罪，不能成为危害社会的犯罪行为免受法律制裁的借口。所以，对哪些是侵犯隐私权还是维护法制的行为，是一定要分清楚的。

在因特网上，也会发生上述相关隐私权问题。在一些操作系统中都有一个日志文件，它详细记载了设备运行情况和各个用户使用计算机的情况。计算机中其他文件还可能记载了各个用户的全称、用户标识、电话号码和办公地点等信息。一些应用系统（如人事管理信息系统）的数据库则包含了更多的个人信息，如果不适当地使用或扩散这些文件中的信息，就会造成用户隐私权的侵犯。

侵犯隐私权主要有以下几种情况：

（三）利用远程登录

在计算机网络上，利用远程登录（Telnet）命令进入某些计算机，这些计算机上的一些文件可能记载了用户全称、用户标识、电话号码和办公地点等信息，一些应用系统（如人事管理信息系统）的数据库则包含了更多的个人信息。如果有人恶意地篡改了这些文件，将会造成严重的后果。

（四）利用电子邮件

从计算机和操作系统角度看，电子邮件是个文件，电子信箱是文件目录。在传送电子邮件的节点上，电子邮件有可能被其他人拆阅。因为每个节点上都有权限极大的管理人员，他们几乎能够阅读所有的文件。其他非法进入这类节点的人也可能阅读电子邮件。更为严重的是，有的人还可能肆意变更电子邮件的内容。

（五）计算机的"后门"

第三种情况是你的个人计算机可能被人开了"后门"。这类情况通常是上网过程中有一个程序下载到你机器里了，你的机器一旦运行，它就能在你的系统中搜索信息，并能回传到他人的机器中。

（六）什么是cookies

每次上网络以后，你会发现机器里多了一些cookies文件，这些文件是浏览过程中生成的，万维网服务器利用它来了解你上网的兴趣爱好。

●●（七）远程登录（Telnet）

是进行远程登录的标准协议和主要方式，它向用户提供了在本地计算机上完成远程主机工作的能力。

●●（八）信息加密技术

这是应用最早、也是一般用户接触最多的安全技术，从保密通信到目前的网络信息加密，始终随着信息技术的发展而发展。目前加密技术已经不再只是依赖于对加密算法本身的保密，而是通过在统计学意义上提高破解的成本来提高安全性。近年来，通过与其他领域的交叉，产生了量子密码，基于 DNA 的密码和数字隐写等分支领域，其安全性能和潜在的应用领域均有很大的突破。

▶ 六、知识产权保护

我国是一个有着悠久文明历史的国家。中华民族蕴藏着巨大的创造性，曾以其辉煌的智力劳动成果为人类文明发展做出过巨大的贡献。伴随着人类文明确商品经济发展，知识产权保护制度诞生了，并日益成为各国保护智力成果所有者权益，促进科学技术和社会经济发展，进行国际竞争的有力的法律措施。

Windows 7 操作系统

单元二 Windows 7 操作系统 Windows 7 是微软推出新一代客户端操作系统，它具有全新的外观和强大的功能。相对于以前的 Windows 操作系统版本，Windows 7 操作系统更加灵活、方便、稳定，因此得到了广泛的普及应用。本章将通过 3 个典型案例介绍 Windows 7 桌面定制、文件管理以及管理与控制 Windows 7 等，以提高大家对该操作系统的整体认识，让大家在将来进行计算机办公的过程中更得心应手，达到事半功倍的效果。

任务一　定制桌面

任务描述

个性化的你，要求什么地方都要与众不同，Windows 7 也不例外。

本例介绍如何定制有个性的 Windows。包括将"开始"菜单、桌面背景、启动声音等进行个性化设置，如隐藏桌面所有图标等。

任务实现

一、Windows 7 界面

在 Windows 7 操作系统中，其系统设置的界面和 Windows XP 十分相似，不过比 Windows XP 操作系统的可操作性更强，更能被用户所接受。这里我们将对桌面、窗口及对话框进行阐述。

（一）桌面

登录 Windows 7 操作系统后，首先展现在用户视线前面的就是桌面。本节介绍有关 Windows 7 桌面的相关知识。用户完成的各种操作都是在桌面如图 2-1 上进行的，它包括桌面背景、桌面图标、"开始"菜单和"任务栏"四个部分。

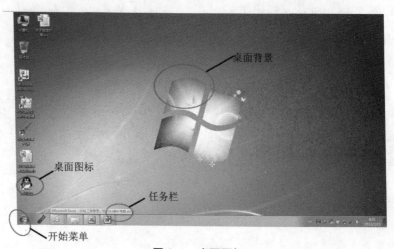

图 2-1　桌面图标

● 1. 桌面背景

桌面背景是指 Windows 桌面的背景图案，又称为桌面或者墙纸，用户可以根据自己的喜好更改桌面的背景图案。

● 2. 桌面图标

桌面图标是由一个形象的小图片和说明文字组成，图片是它的标识，文字则表示它的名称或功能。

在 Windows 7 中，所有的文件、文件夹以及应用程序都用图标来形象地表示，双击这些图标就可以快速地打开文件、文件夹或者应用程序。例如：双击"计算机"图标即可以打开"计算机"窗口。

● 3. 开始菜单

单击任务栏左侧的"开始"按钮，即可以弹出"开始"菜单。

● 4. 任务栏

任务栏是位于屏幕底部的水平长条。与桌面不同的是，桌面可以被打开的窗口覆盖，而任务栏几乎始终可见，主要有程序按钮区、通知区域、显示桌面按钮。

在 Windows 7 中，任务栏是全新的设计，它拥有了新的外观，除了依旧在不同窗口之间切换外，Windows 7 在任务栏使用更加方便，功能更加强大和灵活。

（1）程序按钮区。程序按钮主要放置的是已打开的窗口的最小化按钮，单击这些按钮就可以在窗口间切换。在任一个程序上单击鼠标右键则会弹出一个菜单，用户可以将常用的程序锁定在任务栏上，以方便访问，还可以根据需要通过单击和拖曳操作重新排列任务栏上的图标。

Windows 7 任务栏还增加了 Aero Peck 新的窗口预览功能，用鼠标指向任务栏图标，可预览已打开文件或者程序的缩略图，然后单击任一缩略图，即可打开相应的窗口。

（2）通知区域。通知区域位于任务栏的右侧，除了系统时钟、音量、网络和操作中心等一组系统图标之外，还包括一些正在运行的程序图标，或提供访问特定设置的途径。用户看到的图标集取决于已安装的程序或服务，以及计算机制造商设置计算机的方式。将鼠标指针移向特定的图标，会看到该图标的名称或某个设置的状态。有时，通知区域中的图标会显示小的弹出窗口（称为通知），向用户通知某些信息。同时，用户也可以根据自己的需要设置通知区域的显示内容。

（3）显示桌面按钮。在 Windows 7 系统任务栏的最右侧增加了既方便又常见的显示桌面按钮，作用是快速地将所有已打开的窗口最小化，这样查找桌面文件就会变得很方便。在以前的系统中，它被放在快速启动栏中。

鼠标指向该按钮，所有已打开的窗口就会变成透明，显示桌面内容，鼠标移开，窗口恢复原状，单击该按钮，所有已打开的窗口最小化。如果希望恢复显示这些已打开的窗口，也不必逐个从任务栏中单击，只要再次单击显示桌面按钮，所有已打开的窗口又会恢复为显示的状态。虽然在 Windows 7 中取消了快速启动，但是快速启动的功能仍存在，用户可以把常用的程序锁定在任务栏上，以方便使用。

(二) 窗口

当用户打开程序、文件或者文件夹时，都会在屏幕上被称为窗口的框架中显示。在 Windows 7 中，几乎所有的操作都是通过窗口来实现的。因此，了解窗口的基本知识和操作方法是非常重要的。

● 1. 窗口的组成

在 Windows 7 中，虽然各个窗口的内容各不相同，但所有的窗口都有一些共同点，一方面，窗口始终在桌面上。另一方面，大多数窗口都具有相同的基本组成部分。本小节以"计算机"窗口为例，介绍 Windows 7 窗口的组成。双击桌面上的"计算机"图标，弹出"计算机"窗口。

可以看到窗口一般由控制按钮区、搜索栏、地址栏、菜单栏、工具栏、导航窗格、状态栏、细节窗格和工作区九个部分组成，如图 2-2 所示。

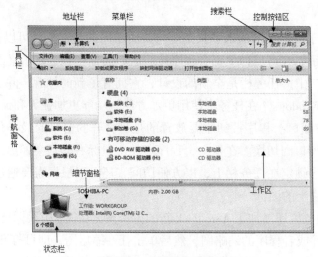

图 2-2 "窗口"的组成

（1）控制按钮区。在控制按钮区有三个窗口控制按钮，分别为"最小化"按钮、"最大化"按钮和"关闭"按钮每个按钮都有其特殊的功能和作用。

（2）地址栏。显示文件和文件夹所在的路径，通过它还可以访问因特网中的资源。

（3）搜索栏。将要查找的目标名称输入到"搜索栏"文本框中，然后单击回车键即可。窗口"搜索栏"的功能和开始菜单中的"搜索"框的功能相似，只不过在此处只能搜索当前窗口范围的目标。可以添加搜索筛选器，以便更精确、更快速地搜索到所需要的内容。

（4）菜单栏。一般来说，可将菜单分为快捷菜单和下拉菜单两种。在窗口"菜单栏"中存放的就是下拉菜单，每一项都是命令的集合。用户可以通过选择其中的菜单项进行操作。例如选择"查看"菜单，打开"查看"下拉菜单。

（5）工具栏。工具栏位于菜单栏的下方，存放着常用的工具命令按钮，让用户能更方便地使用这些工具。

（6）导航窗格。导航窗格位于工作区的左边区域。与以往的 Windows 版本不同的是，在 Windows 7 操作系统中导航区一般包括收藏夹、库、计算机和网络四个部分。单击前面的"箭头"按钮既可以打开列表，还可以打开相应的窗口，方便用户随时准确地查找相应的内容。

（7）工作区。工作区位于窗口的右侧，是整个窗口中最大的矩形区域，用于显示窗口中的操作对象和操作结果。当窗口中显示的内容太多而无法在一个屏幕内显示出来时，可以单击窗口右侧垂直滚动条两端的上箭头按钮和下箭头按钮，或者拖动滚动条，都可以使窗口中的内容垂直滚动。

（8）细节窗格。细节窗格位于窗口下方，用来显示选中对象的详细信息。例如要显示"本地磁盘 C"的详细信息，只需单击一下"本地磁盘 C"，就会在窗口下方显示它的详细信息。

当用户不需要显示详细信息时，可以将细节窗格隐藏进来：单击"工具栏"上的组织按钮，从弹出的下拉列表中选择"布局"，然后单击"细节窗格"菜单项即可。

（9）状态栏。状态栏位于窗口的最下方，显示当前窗口的相关信息和被选中对象的状态信息。

● 2. 窗口的操作

窗口是 Windows 7 环境中的基本对象，同时对窗口的操作也是最基本的操作。此处介绍窗口的基本操作。

（1）打开窗口。这里以打开"控制面板"窗口为例，用户可以通过以下两种方法将其打开。第一种方法是利用桌面图标，双击桌面上的"控制面板"图标，或者右击图标，从弹出的快捷菜单中选择"打开"菜单项，都可以快速地打开该窗口。第二种方法是利用"开始"菜单，单击"开始"按钮，从弹出的"开始"菜单中选择"控制面板"菜单项即可。

（2）关闭窗口。当某个窗口不再使用时，需要将其关闭，以节省系统资源。下面以打开的控制面板窗口为例，用户可以通过以下六种方法将其关闭。

①利用"关闭"按钮 。

单击"控制面板"窗口右上角的"关闭" 按钮即可将其关闭。

②利用"文件"菜单。

在："控制面板"窗口的菜单栏上选择"文件"中的"关闭"菜单项，即可将其关闭。

③右击窗口标题栏。

右击窗口上的"标题栏"，然后选择"关闭"即可关闭当前窗口。

④任务管理器关闭。

右击"任务栏"空白处，在弹出的菜单中选择"启动任务管理器"，在"任务管理器"窗口中选择"所有控制面板项"，然后单击结束任务，也可以关闭当前窗口。

⑤快捷键关闭窗口。

在当前窗口为"控制面板"时，按键盘上的组合键"Alt+F4"也可以实现关闭窗口的目的。

⑥任务栏窗口图标。

右击"任务栏"上显示的"控制面板项"图标，在弹出菜单中选择"关闭窗口"菜单项，即可以完成关闭窗口。

（3）调整窗口大小。窗口在显示器中显示的大小是可以随意控制的，这样可以方便用户对多个窗口进行操作。其窗口大小调整的方法主要有四种。

①双击标题栏改变窗口大小；

②最小化按钮将窗口隐藏到任务栏；

③"还原"和"最大化"将窗口进行原始大小和全屏切换显示；

④在非全屏状态下可以拖动窗口四个边界，调整窗口的高度和宽度；

（4）排列窗口。当桌面上打的窗口过多时，就会显得杂乱无章，这时用户可以通过设置窗口的显示形式对窗口进行排列。

在任务栏的空白处单击鼠标右键，弹出的快捷菜单中包含了显示窗口的三种形式，即层叠窗口、堆叠窗口和并排显示窗口，用户可以根据需要选择一种窗口的排列方式，对桌面上的窗口进行排列。

（5）切换窗口。在 Windows 7 系统环境下可以同时打开多个窗口，但是当前活动窗口只能有一个。因此用户在操作的过程中经常需要在不同的窗口间切换。切换窗口的方法有以下几种。

①利用【Alt】+【Tab】组合键。

若想在多程序中快速地切换窗口到需要的窗口，可以通过【Alt】+【Tab】组合键实现。在 Windows 7 中利用切换窗口时，会在桌面中间显示小窗口，桌面也会即时切换显示窗口。具体操作步骤如下：

先按下【Alt】+【Tab】组合键，弹出窗口缩略图图标方块。再按住【Alt】键不放，同时按【Tab】键逐一选窗口图标，当方框移动到需要使用的窗口图标时释放，即可打开相应的窗口。

②利用【Ctrl】键。

如果用户想打开同类程序中的某一个程序窗口，例如打开任务栏上多个 Word 文档程序中的某一个，可以按住【Ctrl】键，同时用鼠标重复单击 Word 程序图标按钮，就会弹出不，的 Word 程序窗口，直到找到想要的程序后停止单击即可。

③利用程序图标按钮键。

每运行一个程序，就会在任务栏上的程序按钮区中出现一个相应的程序图标按钮。将鼠标停留在任务栏中某个程序图标按钮上，任务栏上方就会显示该程序打开的所有内容的小预览窗口。例如：将鼠标移动到 Internet Explore 浏览器上，就会在任务栏上方弹出打开的网页，然后将鼠标移动到需要的预览窗口上，就会在桌面上显示该内容的界面状态，单击该预览窗口即可快速打开该内容窗口。

用户也可以不使用鼠标来选择。按住【Alt】键，然后在任务栏中已运行的程序图标上用鼠标左键单击一下，任务栏中该图标的上方就会显示该类程序打开的文件预览窗口。然后松开【Alt】键，按下【Tab】键，就会在该类程序的几个文件窗口间切换，选定后按下【Enter】键即可。

二、菜单

大多数的程序都包含有许多使其运行的命令，其中很多命令就存放在菜单中，因此可以将菜单看成是由多个命令按类别集合在一起而构成的。

（一）菜单的分类

Windows 操作系统中的菜单可以分为两类：一类是普通菜单，即下拉菜单；另一类是右键菜单。

● **1. 普通菜单**

为了用户更加方便地使用菜单，Windows 7 将菜单统一放在窗口的菜单栏中。选择菜单栏中的某个菜单即可弹出普通菜单，如图 2-3 所示。

● **2. 右键快捷菜单**

在 Windows 操作系统中还有一种菜单被称为快捷菜单，用户只要在文件或文件夹、桌面空白处、窗口空白处、"任务栏"空白处等区域单击鼠标右键，即可弹出一个快捷菜单，其中包含对选择中对象的一些操作命令，如下面的窗口空白处的右键快捷菜单，如图 2-4 所示。

在 Windows 7 的菜单上有一些的标识符号，如 、 、 和 √ 等，它们分别代表不同的含义。

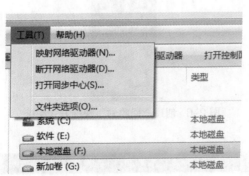

图 2-3 "工具"菜单下拉框图

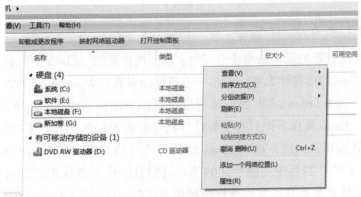

2-4 右键单击弹出快捷菜单

●●（二）菜单的使用

Windows 7 操作系统的菜单中包含了很多命令，用户可以通过这些命令来完成各种操作。这里以"回收站"为例，介绍一下右键快捷菜单的使用。

（1）在桌面上的"回收站"图标上单击鼠标右键，即可弹出快捷菜单；如图 2-5 所示。

图 2-5 "回收站"右键单击弹出快捷菜单

（2）可以看到在菜单中列出了相关的菜单项、用户可以根据需要选择其中的某项进行操作。例如选择"创建快捷方式"菜单项，即可在桌面上创建一个"回收站"的快捷方式图标。如图 2-6 所示。

图 2-6 创建"回收站"快捷方式图标

相关知识

▶ 一、安装操作系统

●●（一）选择合适的操作系统

当前计算机自带的最多的系统有三种：DOS操作系统、Linux操作系统和Windows 7。DOS操作系统的可视性太差，比尔·盖茨曾经宣布，Windows 7时代，预示着DOS时代的结束，但Windows 7里面仍然可以进行DOS操作，Windows 8预览版也拥有DOS的功能；Linux操作系统只有少数计算机专业人士与学生才会学习与操作；2008年年底，微软宣布正式放弃对Windows XP操作系统的支持，全力推出并支持Windows Vista；2009年10月22日于美国、2009年10月23日于中国微软正式发布Windows 7；2011年2月22日发布具有革命性变化的操作系统Windows 7 SP1（Build7601. 17514. 101119-1850），该系统旨在让人们的日常电脑操作更加简单和快捷，为人们提供高效易行的工作环境。这势必带来一场操作系统变更的革命，但周围很多用户没有经历过Windows Vista，直接从Windows XP升级到了Windows 7，在开始使用时有些不太习惯，没有注意到操作和设置中的一些细节，或许是大量用户坚持使用Windows XP的原因，不过根据Net Applications机构2012年8月的统计显示，Windows 7已超越Windows XP成为全球最流行桌面操作系统。

用户可根据实际情况安装适当的操作系统或选择安装双系统。

●●（二）安装操作系统 Windows 7

● Windows 7 安装方法

（1）安装 Windows 7 前的准备工作。

①购买微软正版 Windows 7 安装光盘（正版激活密钥，有 32 位和 64 位之分，某些国家或地区分升级版和完整版，如果您购买 Windows 7 的升级版本，则需要在运行 Windows XP 或 Windows Vista 的电脑上安装 Windows 7）。

②备份文件，请确保 Internet 连接畅通以便获取最新的安装更新（如果没有 Internet 连接，仍可以安装 Windows 7）。

（2）Windows 7 系统要求（微软官方公布数据）。

① 1 GHz 或更加快速的 32 位（x86）或 64 位（x64）处理器

② 1 GB RAM（32 位）或 2 GB RAM（64 位）

③ 16 GB 可用硬盘空间（32 位）或 20 GB 可用硬盘空间（64 位）

④带有 WDDM 1.0 或更高版本的驱动程序的 DirectX 9 图形设备

⑤若要使用某些特定功能，还有下面一些附加要求：

a. Internet 访问（可能需要付费）。

b. 根据分辨率，播放视频时可能需要额外的内存和高级图形硬件。

c. 一些游戏和程序可能需要图形卡与 DirectX 10 或更高版本兼容，以获得最佳性能。

d. 对于一些 Windows Media Center 功能，可能需要电视调谐器以及其他硬件。

e. Windows 触控技术和 Tablet PC 需要特定硬件。

f. 家庭组需要网络和运行 Windows 7 的电脑。

g. 光盘安装系统与制作 DVD/CD 时需要兼容的光驱。

h. BitLocker 需要受信任的平台模块（TPM1.2）。

i. BitLocker To Go 需要 USB 闪存驱动器。

j. Windows XP 模式需要 1 GB 附加 RAM、15 GB 附加的可用硬盘空间，以及一个能够在启用 Intel VT 或 AMD–V 的情况下执行硬件虚拟化的处理器。

k. 音乐和声音需要音频输出。

l. 产品功能和图形可能会因系统配置而异。Windows 7 有些功能可能需要高级或附加硬件。

⑥注意事项：

a. 更新驱动 Windows 7 安装完毕后，您可能需要更新驱动程序。方法：单击"开始"→"所有程序"→"Windows Update"。

b. 激活 Windows 7：必须在安装后 30 天内激活 Windows。方法：单击"开始"按钮，右键单击"计算机"→"属性"→"立即激活 Windows"，打开"Windows 激活"。

（3）安装 Windows 7（升级模式，更多安装模式请参考本书配套的实训指导）。升级选项可以保留您当前版本 Windows 的文件、设置和程序。

①正常启动 Windows，执行下列操作之一：

a. 采用下载 Windows 7 到电脑安装：找到 setup.exe 安装文件，然后双击它。

b. 采用光盘安装：插入 Windows 7 安装光盘到光驱，安装过程将自动开始，否则双击"电脑"→双击 DVD 驱动器→双击 setup.exe。

c. 采用 USB 闪存（如已下载 Windows 7 安装文件在 USB 闪存）：设置 USB 启动模式，插入 U 盘驱动器到电脑 USB 接口，安装过程将自动开始，否则双击"电脑"→双击该 U 盘驱动器→双击 setup.exe。

②在"安装 Windows"窗口上，单击"立即安装"。

③建议在"获取安装的重要更新"窗口上选择获取最新的更新（需要通过 Internet 连接才能获取安装更新）。

④单击"我接受许可条款"，然后单击"下一步"，如图 2-7 所示。

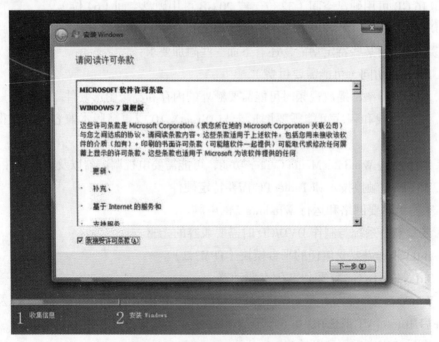

图 2-7　安装 Windows 7 窗口之一

⑤在"您想进行何种类型的安装？"窗口上，如图 2-8 所示，单击"升级"，然后按屏幕提示完成安装 Windows 7。

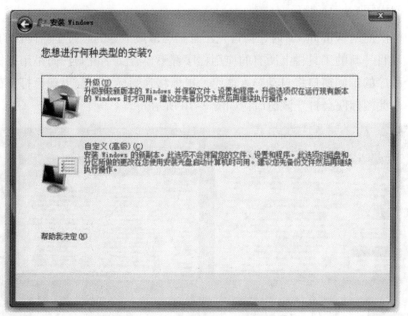

图 2-8　安装 Windows 7 窗口之一

▶ 二、Windows 7 的功能特色

Windows 7 作为新一代主流个人计算机操作系统，它的功能特色主要体现在以下几个方面。

●●●（一）支持 Aero 透明玻璃效果

与早期版本的 Windows 界面相比，Windows 7 采用的是 Aero 透明玻璃效果，也就是常说的毛玻璃特效。在 Windows 7 中，打开任何一个对话框，都可以清楚地看到界面下方的内容，如图 2-9 所示。

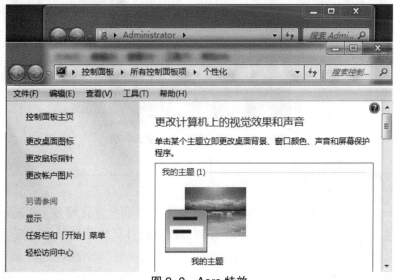

图 2-9　Aero 特效

●●（二）革命性的工具栏设计

用户初次使用 Windows 7 时，会首先注意到屏幕最下方的经过全新设计的工具栏。这一令人耳目一新的工具栏上所有的应用程序都不再有文字说明，而是用图标代替，且同一个程序的不同窗口将自动归入群组。鼠标移到图标上时会出现已打开窗口的缩略图，单击此图标便会打开该窗口，如图 2-10 所示。

图 2-10　已打开窗口的缩略图

在任何一个程序图标上单击右键，均会弹出一个被称为"跳转列表"的显示相关选项的选单。在这个选单中，除列出了更多的操作选项之外，还增加了一些强化功能，可以让用户实现精确导航并更加轻松地找到搜索目标，如图 2-11 所示。

图 2-11　任务栏程序中的跳转列表

●●（三）个性化的桌面

在 Windows 7 中，用户能对桌面进行更多的操作和个性化设置。Windows 7 中的内置主题包不仅可以实现局部的变化，还可以设置整体风格的壁纸、面板色调，甚至可以根据喜好选择、定义系统声音。用户选定中意的壁纸、心仪的颜色、悦耳的声音、有趣的屏保后，可以将其保存为自己的个性主题包，如图 2-12 所示。用户可以选择多张桌面壁纸，让它们在桌面上像幻灯片一样连续播放，播放速度可自己设定，如图 2-13 所示。

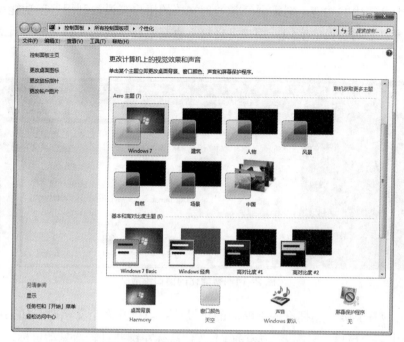

图 2-12　Windows 7 中的个性化设置

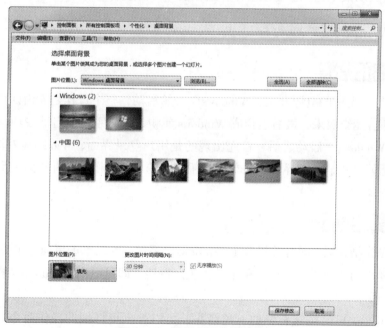

图 2-13　设置多张背景播放

●●●（四）智能化的窗口缩放

半自动化的窗口缩放是 Windows 7 的另一特色。用户把窗口拖到屏幕最上方，窗口就会自动最大化显示；把已经最大化的窗口往下拖一点，它就会自动还原；把窗口拖到左、右边缘，它就会自动变成 50% 宽度，便于用户排列窗口，如图 2-14 所示。这是一项十分实用的功能。对需要经常处理文档的用户来说，利用这项功能可省去不断在文档窗口之间切换的麻烦。用户可轻松、直观地在不同的文档之间进行对比、复制等操作。

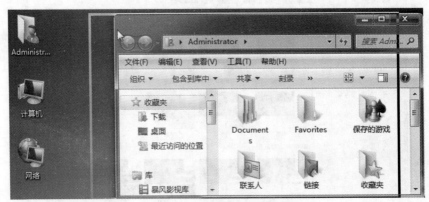

图 2-14　智能化的窗口缩放

另外，Windows 7 还拥有一项贴心的小设计：当打开多个文档时，如果用户需要专注于其中某个窗口，只需要在该窗口上按住鼠标左键并且轻微晃动鼠标，其他所有的窗口便会自动最小化；重复该动作，这些窗口又会重新出现。

三、Windows 7 启动与退出

（一）系统启动

（1）打开主机的电源开关，Windows 7 开始启动，整个过程是先由四个方向升起光点，伴随着光影效果，最后组合成 Windows 旗帜，这时系统便启动成功。

（2）Windows 7 启动之后，首先出现的是用户登录界面，Windows 7 会将可用的用户以图标的方式显示在界面上。单击希望登录的用户名图标，并输入密码，再按回车键即可登录。

（二）系统退出

用户操作结束后，即可关机退出 Windows 7 系统。可以单击桌面左下方的"开始"按钮，在弹出的"开始"菜单中单击"关机"按钮，即可退出 Windows 7 操作系统，如图 2-15 所示。

若单击"关机"按钮右侧的三角箭头，可以弹出更详细的操作命令，实现"切换用户""注销""锁定""重新启动"和"睡眠"等功能，如图 2-15 所示。

图 2-15　关闭 Windows 7 操作系统

四、Windows 7 桌面小工具

Windows 7 系统中包含了常用的桌面小工具，用户既可以将其置于桌面上的任意位置，也可以随意更改桌面小工具的大小。如果希望将这些小工具置于屏幕的边缘，它们就可被置于边缘。这种特性可以使用户透过桌面上的打开窗口迅速查看小工具。而且，对于用户所使用的应用程序来说，安装有用的桌面小工具也非常简单。

●●●（一）添加和移动小工具

右键单击 Windows 7 桌面的空白处，在弹出的快捷菜单中选择"小工具"命令，可以打开工具添加窗口，如图 2-16 所示。

弹出工具添加窗口，窗口中有许多实用小工具，如 CPU 仪表盘、幻灯片放映、货币换算、联系簿、天气和日历等，如图 2-17 所示。

图 2-16　选择"小工具"命令

图 2-17　桌面工具栏

双击工具图标或者选择右键菜单的"添加"命令就能添加到边栏，如在工具栏中双击日历和时钟图标即可将其添加到边栏中，如图 2-18 所示。

图 2-18　日历和时钟

边栏是 Windows 7 系统中占据桌面最右侧的长方形区域，用户可以在边栏中放置一些小程序。

添加完成后，边栏将会显示出刚才添加的工具。另外，边栏上的小工具可以通过鼠标随意拖动来安排各自的位置。当鼠标指针在不同的小工具上拖动时，可以看到各不相同的动态效果。

●●（二）设置小工具属性的实例

下面介绍用户经常使用的两款边栏小工具，即时钟和天气状况的设置。

● 1. 调整"时钟"小工具的属性

①打开小工具面板，将"时钟"添加到桌面边栏中。

②右击"时钟"面板，在弹出的快捷菜单中选择"选项"命令。可以在弹出的"时钟"对话框中选择时钟的样式，也可以在"时钟名称"文本框中输入名称。

③设置完成后，单击"确定"按钮退出设置。

用户还可以调整小工具的透明度或者设置和这个小工具有关的选项。方法如下：右击小工具图标，在弹出的快捷菜单中选择"不透明度"子菜单，在下拉子菜单中选择某一数值，如"100%"。默认状态下，边栏工具都呈不透明的状态。通过设置工具的透明度，可将工具平常状态设为半透明显示，这时只有将鼠标移动到工具上方才不会透明。

● 2. 调整"天气"小工具的属性

"天气"是用户经常用到的小工具之一。Windows 7 的天气预报功能很强大，但系统默认的天气预报显示可能不属于用户所在的城市。可以通过设置将天气预报调整为自己所在城市的状态，具体操作如下：

①打开小工具面板，将"天气"添加到桌面边栏中。

②打开"天气"对话框，在"当前位置"文本框中输入用户所在城市的名称，如"Hefei"，单击文本框右侧的"放大镜"按钮。

③这时"当前位置"将更改显示为"Hefei, Anhui, China"。单击"确定"按钮后，用户所在城市的天气状况即可被添加到桌面。

任务二　管理文件资源

文件夹的新建；文件或文件夹的复制、移动、删除、改名；文件属性的设置；等等。

文件操作，当前文件夹为"D：\第2章练习\试题1"，按下面的操作要求进行操作，并把操作结果存盘。

在当前文件夹下新建文件夹USER2；在当前文件夹的B文件夹下新建文件夹USER2。

将当前文件夹下的A文件夹复制到当前文件夹下的B文件夹中；将当前文件夹下的B文件夹中的BBB文件夹复制到当前文件夹中。

删除当前文件夹下的C文件夹；删除当前文件夹下的A文件夹中的CCC文件夹。

将当前文件夹下的"FIRST.docx"文件改名为"MAIN.docx"；将当前文件夹下的A文件夹中的"SECOND.docx"文件改名为"THIRD.docx"。

任务实现

选择"开始"菜单下的"计算机"，双击D盘，选择"试题"，进入当前文件夹"D：\第2章练习\试题1"，如图2-19所示，可见当前文件夹下已有文件夹A、文件夹B、文件夹C和文件first.docx。

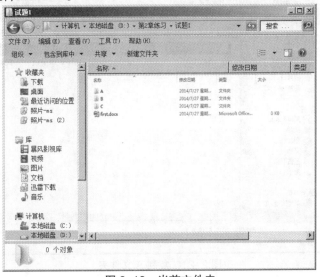

图2-19　当前文件夹

步骤1：（1）选择工具栏上的"新建文件夹"（或右击当前文件夹窗口的空白处，在快捷菜单中选择"新建"→"文件夹"）命令，输入新文件夹名"user1"，如图2-20所示。

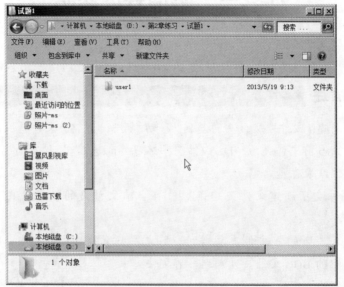

图 2-20　新建文件夹

（2）双击进入 B 文件夹，同（1），在 B 文件夹中新建 user2 文件夹。

步骤2：（1）单击地址栏的"试题1"，返回上级目录（即"试题1"文件夹）。右击 A 文件夹，在快捷菜单中选择"复制"命令，双击进入 B 文件夹，右击 B 文件夹窗口的空白处，在快捷菜单中选择"粘贴"命令，即可实现把 A 文件夹复制到 B 文件夹中，如图 2-21 所示。

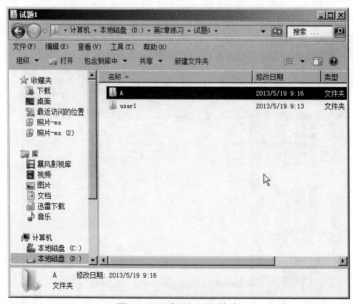

图 2-21　复制 A 文件夹

（2）单击地址栏的"试题1"，返回上级目录（即"试题1"文件夹）。双击进入 B 文件夹，右击 BBB 文件夹，在快捷菜单中选择"复制"命令，单击地址栏的"试题1"，返回到"试题1"文件夹，右击窗口的空白处，在快捷菜单中选择"粘贴"命令，即可实现把 BBB 文件夹复制到"试题1"文件夹中。

步骤 3：选择 C 文件夹，按【Delete】键删除该文件夹。双击进入 A 文件夹，选择 CCC 文件夹，再按 Delete 键删除该文件夹。

步骤 4：单击地址栏的"试题1"，返回上级目录（即"试题1"文件夹）。鼠标右击"FIRST.docx"，选择"重命名"，键入"MAIN.docx"，如图 2-22 所示，双击进入 A 文件夹，右击 A 文件夹中的"SECOND.docx"，选择"重命名"，键入"THIRD.docx"，如图 2-23 所示。

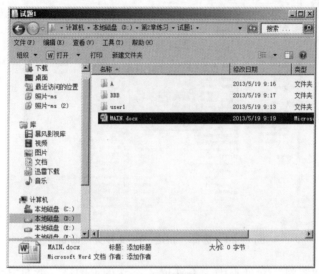

图 2-22　文件重命名 1

图 2-23　文件重命名 2

相关知识

一、创建文件（夹）

（一）创建文件夹

为了便于分门别类地保存文件，可以在硬盘的某个位置创建文件夹。

步骤1：在需要创建文件夹的位置（如"资料"）右击空白处，在弹出的快捷菜单中选择"新建""文件夹"命令，如图2-24所示。

图 2-24　选择"新建"|"文件夹"命令

步骤2：在"资料"文件夹中，会新增一个文件夹图标，并且其文件名处于可编辑状态，可以输入文件夹名称，如图2-25所示。

图 2-25　新增文件夹图标

步骤 3：文件夹名称编辑好后，按回车键或单击空白处，文件夹名称即可确定。

●●（二）创建文件

创建文件一般是通过软件进行，如通过 Microsoft Office 软件创建 Word 文档。另外，也可以在 Windows 7 系统中直接创建。步骤如下：

步骤 1：与创建文件夹的方法类似，在需要创建文件的位置右击空白处，在弹出的快捷菜单中选择"新建"子菜单，在展开的子菜单中选择要创建的文件类型，如"Microsoft Word 文档"，如图 2-26 所示。

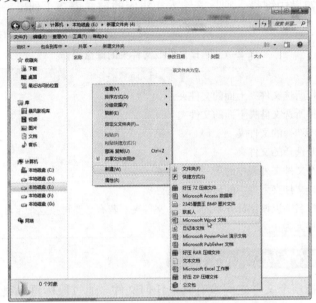

图 2-26 在展开的子菜单中选择要创建的文件类型

步骤 2：此时会在文件夹中创建默认名称为"新建 Microsoft Word 文档"的文件，如图 2-27 所示。输入文件的名称后按回车键即可。

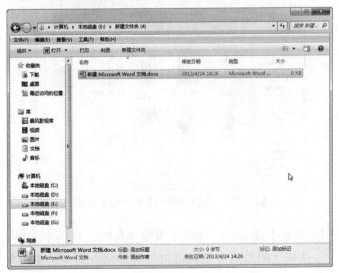

图 2-27 新建 Microsoft Word 文档

▶ 二、选择文件或文件夹

对文件和文件夹进行复制、移动或删除等操作，必须先选择文件或文件夹。文件和文件夹的选择主要分三种情况：选择单个文件和文件夹；选择多个连续文件或文件夹；选择每个非连续的文件或文件夹。

●●（一）选择单个文件或文件夹

选择文件夹既可用鼠标也可用键盘。如果用鼠标选择文件夹，单击需要进行操作的文件夹即可；如果用键盘，则只需输入相对应的键。表 2-1 列出了用键盘选择文件夹所用的按键。

表 2-1　选择文件或文件夹的键盘操作

键	功　能
↑	选择所选文件夹上面的文件夹
↓	选择所选文件夹下面的文件夹
←	关闭选择的文件夹
→	打开选择的文件夹
Home	选择文件夹列表中的第一个文件夹
End	选择文件夹列表中的最后一个文件夹
字母	选择名字以该字母开始的第一个文件夹。若有必要再按这个字母，直到选择到想要的文件夹为止

●●（二）选择多个连续文件或文件夹

连续文件是指多个文件之间没有其他任何文件。通过鼠标可以很方便地选择多个连续文件（夹）。选择多个连续文件或文件夹方法如下：

步骤 1：先用鼠标单击要选择的第一个文件或文件夹。单击文件时，该文件被加亮显示，如图 2-28 所示。

图 2-28　选择的第一个文件或文件夹

步骤 2：按住【Shift】键不放，再单击想要选择的最后一个文件或文件夹。第一个选择与最后一个选择之间的所有项目都被加亮显示，即为选中的对象，如图 2-29 所示。

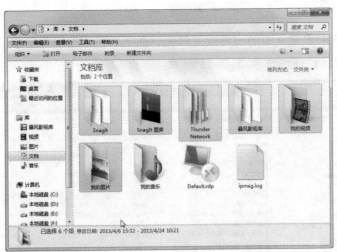

图 2-29　选择多个连续文件或文件夹

若要取消选择连续文件或文件夹，在该组之外的某个文件或文件夹或空白处单击鼠标即可。若要选择全部文件或文件夹，可用组合键【Ctrl+A】进行选择。

●●（三）选择非连续文件或文件夹

如果需要选择不相邻的多个文件或文件夹，可以先选择第一个文件或文件夹，然后按住【Ctrl】键不放，依次单击想要选择的文件或文件夹，如图 2-30 所示。单击的每一项都加亮显示，并保持加亮显示直到松开【Ctrl】键。

取消选择操作时，可以松开【Ctrl】键，再单击空白处即可。

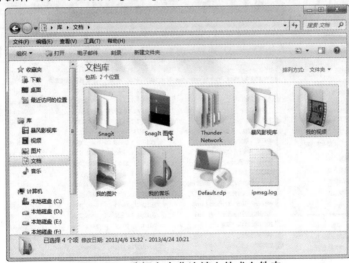

图 2-30　选择多个非连续文件或文件夹

▶ 三、复制文件（夹）

对计算机中的资源进行管理时，经常需要将文件或文件夹从一个位置复制到另一个位置，有以下两种操作方式：

●●（一）使用命令复制文件或文件夹

步骤 1：选中需要复制的文件或文件夹，然后单击"组织"菜单，在弹出的下拉菜单中选择"复制"命令，如图 2-31 所示。

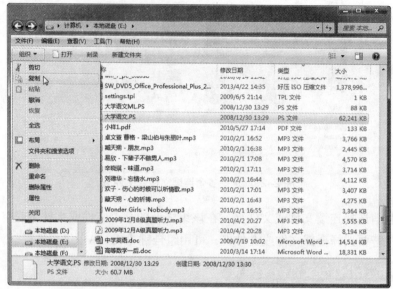

图 2-31　选中文件后再选择"组织"|"复制"命令

步骤 2：打开需要保存复制后的文件或文件夹的目标位置，单击"组织"菜单，在弹出的下拉菜单中选择"粘贴"命令，如图 2-32 所示，即可进行文件或文件夹的复制。

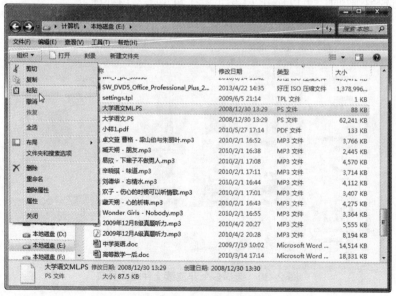

图 2-32　在目标位置再选择"粘贴"命令

●●（二）拖动复制文件或文件夹

除了使用传统的复制加粘贴的操作方法进行文件或文件夹的复制外，在 Windows

7中，还可以使用拖动法进行文件或文件夹的复制。选中文件后，按住【Ctrl】键不放，拖动文件到文件夹上方。

如果文件较小，则很快会完成复制；如果文件较大，则显示"正在复制"对话框，如图 2-33 所示。

图 2-33　"正在复制"对话框

四、移动文件（夹）

移动文件或文件夹和复制文件或文件夹的区别是：文件或文件夹移动后，原文件不在原来的位置；而复制文件或文件夹则是原文件存在，在新的位置又产生一个文件副本。移动文件或文件夹同样有两种方式：

●●●（一）使用命令移动文件或文件夹

步骤 1：选中需要移动的文件或文件夹后，单击"组织"菜单，在弹出的下拉菜单中选择"剪切"命令，如图 2-34 所示。

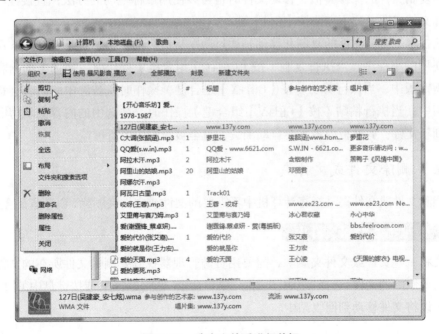

图 2-34　选中文件后进行剪切

步骤 2：切换到新位置后，单击"组织"菜单，在弹出的下拉菜单中选择"粘贴"命令即可，如图 2-35 所示。

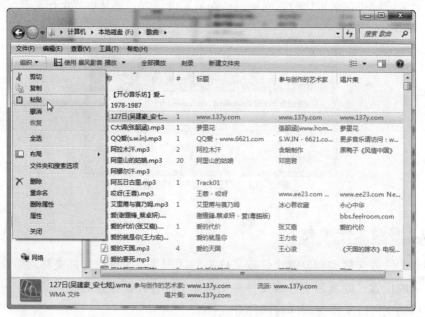

图 2-35　在目标位置进行粘贴

●● (二) 拖动式移动文件或文件夹

与复制文件的操作类似，移动文件时也可以使用鼠标拖动的方法，直接拖动文件至目标文件夹即可，不需要按【Ctrl】键。

从技术上讲，文件的复制和移动是通过剪贴板进行的，剪贴板是 Windows 系统中经常使用的小程序，当执行复制（按【Ctrl+C】组合键）操作时，被选中的内容会复制到剪贴板中；当执行剪切（按【Ctrl+X】组合键）操作时，被选中的内容会移动到剪贴板中；当执行粘贴（按【Ctrl+V】组合键）操作时，被选中的内容会从剪贴板中粘贴到新文件；剪贴板内容不会自动消失，直至被新的内容所覆盖。

▶ 五、删除文件或文件夹

删除文件或文件夹是指将计算机中不需要的文件或文件夹删除，以节省磁盘空间。

●● (一) 删除文件或文件夹

要将一些文件或文件夹删除，需要用资源管理器找到要删除文件所在的文件夹。选中需要删除的文件，选择"组织"|"删除"菜单命令（见图 2-36），或按键盘中的【Delete】键，可以将文件移动到回收站中。

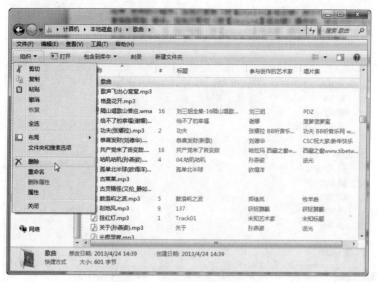

图 2-36　先选择文件再删除

删除文件时会弹出如图2-37所示的确认对话框，单击"是"按钮执行删除操作；单击"否"按钮取消删除操作。若要将文件完全删除，应按住【Shift】键再按删除键【Del】。

图 2-37　删除确认对话框

●●（二）撤销删除文件或文件夹

文件或文件夹的删除并不是真正意义上的删除操作，而是将删除的文件暂时保存在"回收站"中，以便对误删除的操作进行还原。

在桌面上双击"回收站"图标，打开"回收站"对话框，可以发现被删除的文件，如果需要还原删除的文件，可以在选择文件后，单击上方的"还原选定的项目"即可将文件还原到删除前的位置，如图2-38 所示。

图 2-38　撤销删除文件

▶ 六、回收站的管理

在 Windows 7 中的"回收站"为用户提供了一个安全的删除文件或文件夹的解决方案，用户从硬盘中删除文件或文件夹时，会自动放入"回收站"中，直到用户将其清空或还原到原位置。

▶ 七、从回收站恢复文件

桌面上的"回收站"图标一般分为未清空和已清空两种状态，如图 2-39 所示。当有文件或文件夹删除到回收站中时，回收站为未清空状态。

图 2-39　回收站图标

（a）未清空；（b）已清空

打开"回收站"对话框后，如果需要恢复全部文件，直接单击上方的"还原所有项目"即可，如图 2-40 所示。

图 2-40　还原所有项目

▶ 八、清空回收站

在 Windows 7 系统中删除的文件，并没有从磁盘上真正清除，而是暂时保存在回收站中。若长时间不用，应对这些文件进行清理，将磁盘空间节省出来。

●●●（一）清空回收站

如果想一次性将整个回收站清空，可以执行清空回收站操作。在桌面上打开"回收站"窗口，直接在工具栏上单击"清空回收站"按钮，回收站中的内容就会被清空，所有的文件也就真正从磁盘上删除了。

如果只是想将回收站内容清空，而不考虑检查是否有些文件还要暂时保留，则不必打开"回收站"。在桌面上右击"回收站"图标，在弹出的快捷菜单中选择"清空回收站"命令即可，如图 2-41 所示。

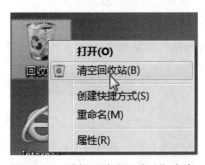

图 2-41　选择"清空回收站"命令

弹出确认删除操作的对话框，单击"是"按钮，确认删除，如图 2-42 所示。

图 2-42　删除确认对话框

●●（二）只清除指定文件

如果需要只清除回收站中的部分内容，可以选中文件后，选择"组织"丨"删除"菜单命令即可，如图 2-43 所示。

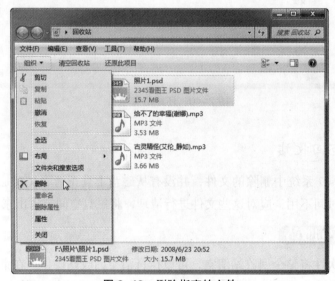

图 2-43　删除指定的文件

▶ 九、设置回收站

"回收站"是各个磁盘分区中保存删除文件的汇总，用户可以配置回收站所占用的磁盘空间的大小及特性。设置回收站步骤如下：

步骤 1：在桌面上右击"回收站"图标，在弹出的快捷菜单中选择"属性"命令（见图 2-44），弹出"回收站属性"对话框。

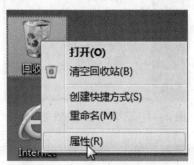

图 2-44　选择"属性"命令

步骤2：在打开的"回收站属性"对话框中，可以设置各个磁盘中分配给回收站的空间及回收站的特性，用户可以选中一个磁盘分区，在下面"最大值"文本框内设置用于回收站的空间大小，如图2-45所示。

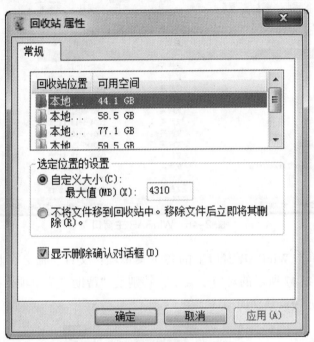

图2-45 指定回收站的位置和大小

如果用户想在删除文件时，直接将文件删除，而不移至回收站中，可以选中"不将文件移到回收站中。移除文件后立即将其删除"单选按钮。另外，如果取消选中"显示删除确认对话框"复选框，则在进行文件删除时，就不会弹出确认删除提示对话框。

能力提升

一、压缩软件 WinRAR

（一）熟悉 WinRAR 窗口

熟悉 WinRAR 与其他应用程序的主窗口和菜单项。

方法：

（1）双击桌面上的"WinRAR"快捷图标"▓▓"（或从"开始"菜单之"程序"菜单中）启动 WinRAR，打开如图2-46所示的 WinRAR 主窗口。

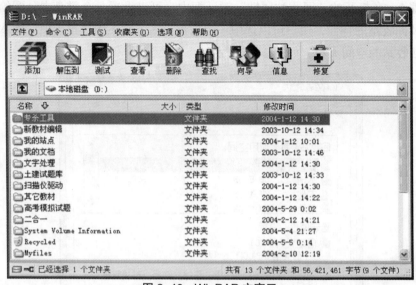

图 2-46　WinRAR 主窗口

（2）依次单击 WinRAR 窗口上的各个菜单项：文件、命令、收藏夹、选项和帮助。打开如图 2-47 所示的对应子菜单，特别是"帮助'菜单项，有助于用户了解 WinRAR 的使用方法及其功能。

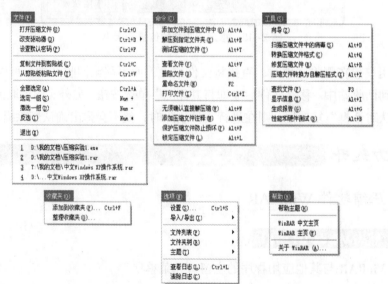

图 2-47　WinRAR 各菜单项及命令

●●（二）创建一个压缩文件

在"我的文档"文件夹中，将文件（如"压缩实验 1.doc"）压缩到 D 盘下的文件 MyRAR.rar 中。方法如下：

步骤 1：启动 WinRAR，打开 WinRAR 主窗口，单击地址栏右侧的下拉列表框按钮，从"我的文档"文件夹中浏览查找文件"压缩实验 1.doc"，如图 2-48 所示。

图 2-48　浏览"压缩实验 1"窗口

步骤 2：选中文件"压缩实验 1.doc"，单击"添加"按钮，打开"压缩文件名和参数"对话框。

步骤 3：在"压缩文件名"下拉列表框中输入"MyRAR"，其他参数不变，单击"确定"按钮，弹出如图 2-49 所示的"正在创建压缩文件 MyRAR.rar"压缩进程提示框，稍等片刻压缩操作结束。

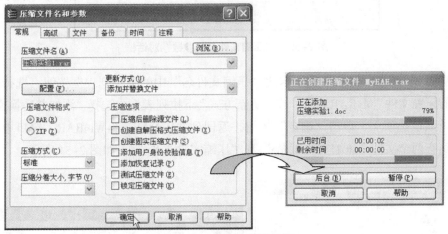

图 2-49　压缩进程提示框

步骤 4：关闭 WinRAR 窗口，在"我的文档"文件夹中生成一个压缩文件"MyRAR.rar"。

步骤 5：双击压缩文件名"MyRAR.rar"，打开"MyRAR.rar-WinRAR"窗口，从中可以看到文件"压缩实验 1.doc"列在其中。

●●（三）添加一个文件至压缩文件

在"我的文档"文件夹中，将文件（如"压缩实验 2.doc"）添加至已经建立的压缩文件"MyRAR.rar"中。

方法：

步骤1：启动WinRAR，在WinRAR主窗口中单击地址栏右侧的下拉列表框按钮，从"我的文档"文件夹中浏览查找文件"压缩实验2.doc"（参见图2-48）。

步骤2：选中待压缩文件"压缩实验2.doc"，单击"命令"菜单中的"添加文件到压缩文件中"命令（或单击"添加"按钮"✎"），打开如图2-50所示的"压缩文件名和参数"对话框。

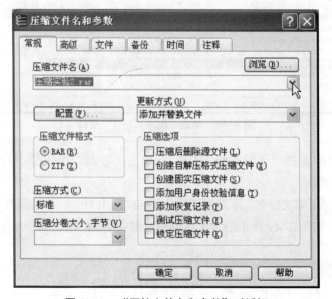

图 2-50 "压缩文件名和参数"对话框

步骤3：单击"常规"选项卡之"压缩文件名"中的下拉列表框按钮，选择已经建立的压缩文件"MyRAR.rar"。在"更新方式"下拉列表框中选择"添加并替换文件"选项（默认选项），单击"确定"按钮，返回到"MyRAR.rar-WinRAR"窗口中，可以看到有两个文件"压缩实验1.doc"和"压缩实验2.doc"，如图2-51所示。

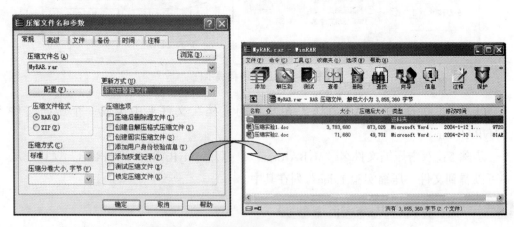

图 2-51 "压缩实验 1.rar-WinRAR"窗口

步骤4：若想删除其中的一个文件，首先选中该文件，再单击"删除"按钮"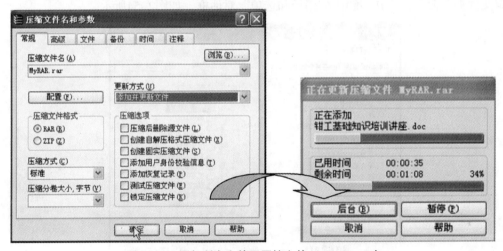"。

步骤5：关闭WinRAR窗口完成添加操作。

●●（四）添加文件夹中的所有文件至压缩文件

将"我的文档"中的所有文件（不包括文件夹）添加到文件"MyRAR.rar"中，并对原有的文件进行更新。

方法：

步骤1：启动WinRAR，在WinRAR主窗口中单击地址栏右侧的下拉列表框按钮，从"我的文档"文件夹中按Ctrl+A组合键选中全部文件。

步骤2：单击"添加"按钮 ，打开"压缩文件名和参数"对话框。

步骤3：单击"常规"选项卡之"压缩文件名"中的下拉列表框按钮，选择已经建立的压缩文件"MyRAR.rar"，在"更新方式"下拉列表框中选择"添加并更新文件"选项，单击"确定"按钮，弹出"正在更新压缩文件MyRAR.rar"压缩进程提示框，如图2-52所示。对于这一种压缩方式，如果压缩文件"MyRAR.rar"中已经有了一些被压缩的文件，则同名的文件将被新的文件更新。

图2-52 添加所有文件至压缩文件MyRAR.rar中

步骤4：压缩操作结束后返回到"MyRAR.rar-WinRAR"窗口中，可以看到"我的文档"文件夹中的所有文件列在其中，关闭WinRAR窗口完成添加操作。

●●（五）压缩文件的释放（解压缩）

先将压缩文件"MyRAR.rar"中的"压缩实验1.doc"释放到"D: \Myfiles"文件夹中，然后再释放所有文件至该文件夹中。

方法：

步骤1：单击"文件"菜单中的"打开压缩文件"命令，从打开的"查找压缩文件"对话框中找到压缩文件"MyRAR.rar"，双击文件名将其打开，如图2-53所示。

图 2-53　压缩文件"MyRAR.rar"窗口

步骤2：找到并选中文件"压缩实验1.doc"，单击"命令"菜单中的"解压到指定文件夹"命令，打开"解压缩路径和选项"对话框，如图2-54所示。

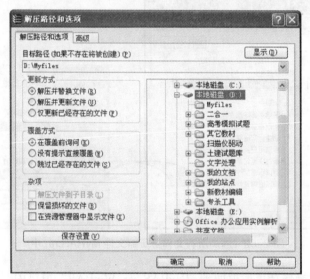

图 2-54　"解压缩路径和选项"选项卡的"目标路径"

步骤3：在"解压缩路径和选项"选项卡的"目标路径（如果不存在将被创建）"下拉列表框中输入"D：\Myfiles"，如图 2-54 所示，单击"确定"按钮，文件"压缩实验1.doc"释放到"D：\Myfiles"文件夹中（"Myfiles"文件夹若不存在，则会自动创建）。

步骤4：重复操作步骤1。

步骤5：在图 2-53 窗口中选中所有的文件（Ctrl+A 组合键），单击"解压到"按钮"📄"，打开"解压．缩路径和选项"对话框，参见图 2-54。

步骤6：重复操作步骤3。

任务三　定制工作环境

任务描述

借助 Windows 7 操作系统及其安装的应用软件，小刘进行着高效的办公自动化应用。一段时间后，他对系统的工作环境进行了个性化定制，主要包括以下：

1. 控制面板的使用，桌面设置，快捷方式的创建，任务栏设置，等等。
2. 按下面的操作要求进行操作，并把操作结果存盘。
3. 设置桌面墙纸，选择"中国"下的"imgl"为背景图片。

任务实现

步骤 1：单击"开始"菜单，在菜单中单击"控制面板"，选择控制面板中的"个性化"下的"更改桌面背景"对话框，选择"中国"下的"imgl"为背景图片，单击保存修改如图 2-55 所示。

图 2-55　修改背景

步骤 2：在控制面板选择"个性化"，选择"更改屏幕保护程序"，在"屏幕保护程序"的下拉列表中选择"彩带"，保护时间为"20 分钟"，如图 2-56 所示，单击"确定"按钮。

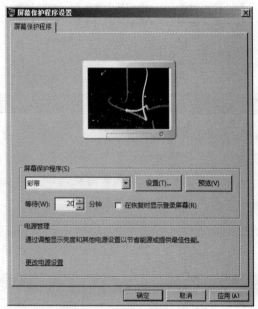

图 2-56　设置屏幕保护程序

步骤 3：在"开始"菜单中选择"搜索程序和文件"，输入要查找的文件 calc.exe，在搜索的结果中右击 calc，选择"发送到桌面快捷方式"，并将产生在桌面的快捷方式重命名为"计算工具"，如图 2-57、图 2-58、图 2-59 所示。

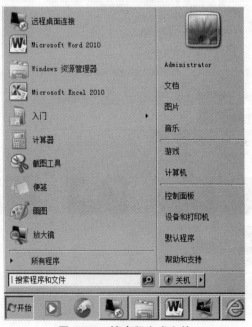

图 2-57　搜索程序或文件

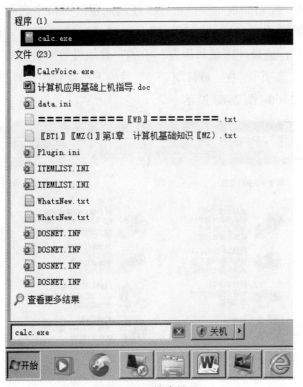

图 2-58　搜索结果

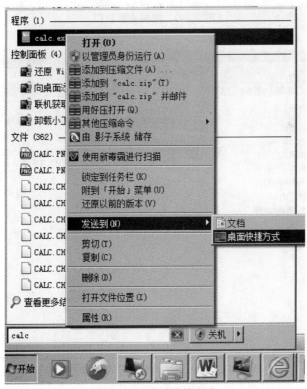

图 2-59　发送快捷方式

步骤4：打开"控制面板"窗口，在"控制面板"窗口中选择"时钟、语言和区域"，打开"时钟、语言和区域"对话框，选择"区域和语言"下的"更改日期、时间或数字格式"，选择"区域和语言"中的"其他设置"，打开"自定义格式"对话框，打开"日期"选项卡，在"短日期（S）"后的下拉菜单中选择日期格式为"yyyy—MM—dd"，如图 2-60~ 图 2-63 所示。

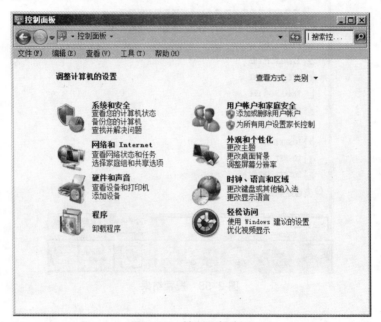

图 2-60　控制面板窗口

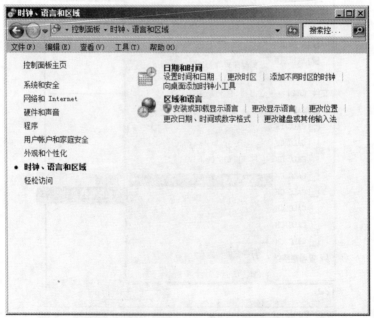

图 2-61　进入更改日期、时间或数字格式

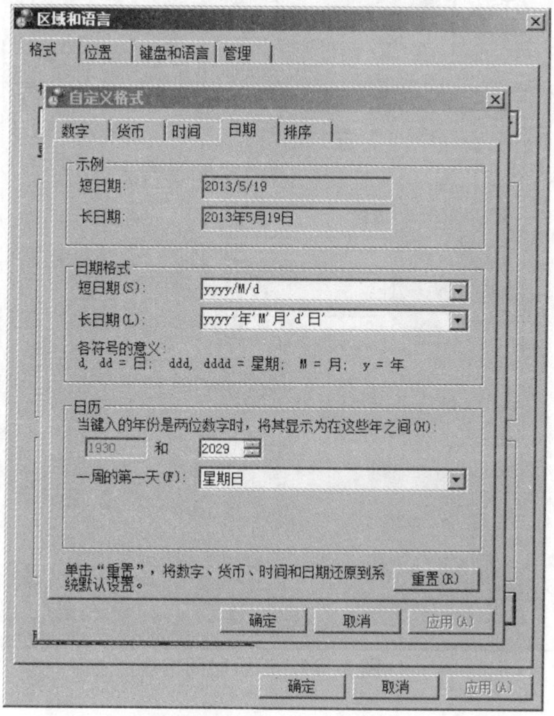

图 2-62　其他设置

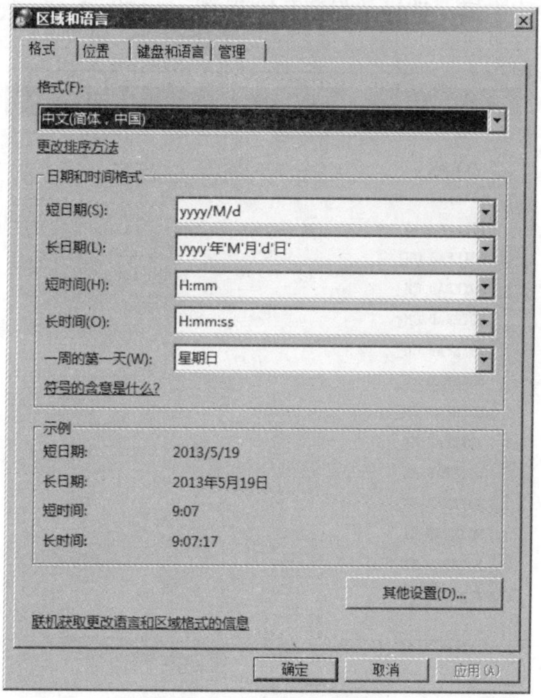

图 2-63　设置时间格式

步骤 5：在自定义对话框中，选择"时间"选项卡，在"AM 符号（M）"后的下拉菜单中选择"上午"，单击应用，如图 2-64 所示。

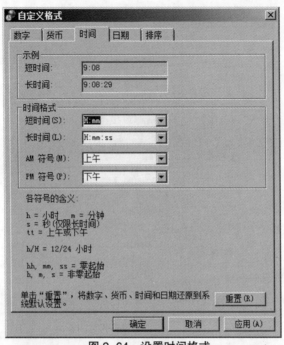

图 2-64　设置时间格式

步骤 6：在"开始"菜单中选择"搜索程序和文件"，输入要查找的文件 notepad. exe，在搜索结果上单击右键，选择"附到开始菜单"，如图 2-65、图 2-66 所示。

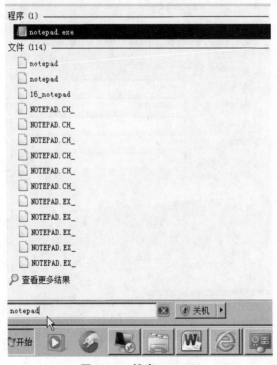

图 2-65　搜索 notepad

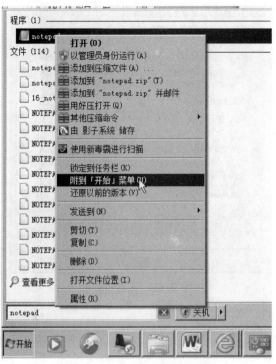

图 2-66　附到「开始」菜单

步骤 7：选择控制面板中的"外观和个性化"，打开"外观和个性化"属性，选择"自定义［开始］菜单"，在"任务栏和［开始］菜单属性"对话框，选择"任务栏"选项卡，在"任务栏外观"下"自动隐藏任务栏"前打"√"，完成设置后，单击"确定"，如图 2-67、图 2-68 所示。

图 2-67　进入自定义开始菜单

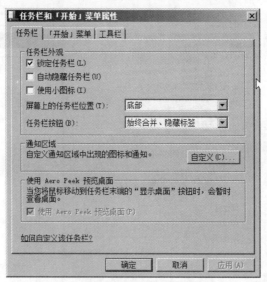

图 2-68　设置任务栏

相关知识

一、个性化"开始"菜单和任务栏

Windows 7 中的"开始"菜单和任务栏是用户经常要面对的栏目，可以通过相关设置达到符合用户的视觉需要和使用习惯。

●●（一）自定义"开始"菜单中的"关机"按钮

在 Windows 7 中，"关机"按钮并不是固定的按钮，可以由用户自行设置成其他功能。右击"开始"按钮，在弹出的快捷菜单中选择"属性"命令，打开"任务栏和「开始」菜单属性"对话框。

在"「开始」菜单"选项卡中的"电源按钮操作"下拉列表框中选择替代"关机"按钮的选项，如"睡眠"，如图 2-69 所示。

图 2-69　设置关机按钮

单击"确定"或"应用"按钮，再次打开"开始"菜单，便会发现之前的"关机"按钮已经变成了所设置的"睡眠"按钮，图2-70所示是将电源按钮设置为"睡眠"按钮后的效果。

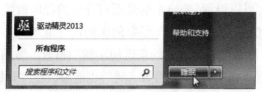

图 2-70　设置为"睡眠"按钮

●●(二)调整"开始"菜单的设置

通过调整"开始"菜单的设置，可以满足不同用户对计算机的需求。在Windows 7中，"开始"菜单有非常多的自定义设置，用户可以轻松地打造一个适合自己的"开始"菜单。

在"任务栏和「开始」菜单属性"对话框中，单击"「开始」菜单"选项卡的"自定义"按钮，弹出"自定义「开始」菜单"对话框，在这里可以进行非常多的调整，如图2-71所示。

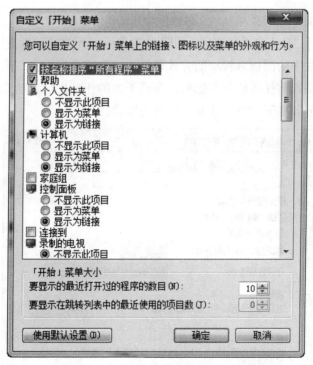

图 2-71　"开始"菜单的自定义设置

在对话框的列表框中，可以按照需要设置"开始"菜单上的链接、图标及项目等内容。其中的复选框表示是否显示该选项，而单选按钮用于选择显示方式。大多数的内容都具备三个单选按钮：

"不显示此项目"表示不在"开始"菜单中显示这个项目。

"显示为菜单"表示当鼠标指针移动至项目或图标上时会显示出子菜单。

"显示为链接"表示仅当鼠标指针移动至项目或图标上并单击鼠标左键,会打开新的 Windows 窗口来显示相应项的内容。

在对话框的下部,可以设置"要显示的最近打开过的程序的数目"数值框来调整"开始"菜单的大小,数值越大,"开始"菜单的纵向尺寸就越大,数值设置的区间范围为 1~30。设置"要显示在跳转列表中的最近使用的项目数"数值框可以更改"开始"菜单中所列的最近打开的应用程序项目数,同时也能够改变"开始"菜单的纵向尺寸。数值越大,存放在跳转表中的项目越多,最大值为 30。

当用户设置不当或"开始"菜单中的内容显示不正常时,可以通过单击对话框中的"使用默认设置"按钮来恢复整个"开始"菜单的设置。单击"使用默认设置"按钮后所有用户自定义的"开始"菜单属性将会还原为 Windows 默认设置。

●●（三）更改任务栏的显示方式

Windows 7 中的任务栏具有自动群组功能,当用户打开多个网页时,相同主页的子页面会自动群组,如果用户不适应此功能,可以通过以下步骤更改任务栏的显示方式。

在"任务栏和「开始」菜单属性"对话框中单击"任务栏"选项卡,从"任务栏按钮"下拉列表框中选择"从不合并"选项,如图 2-72 所示。用户还可以选中"使用小图标"复选框,使任务栏中的图标以较小的方式显示,调整完成后单击"确定"按钮。用户也可以选中"自动隐藏任务栏"复选框,屏幕下方的任务栏会自动隐藏,以节省屏幕空间,移动鼠标至屏幕下方时,任务栏会自动显示。

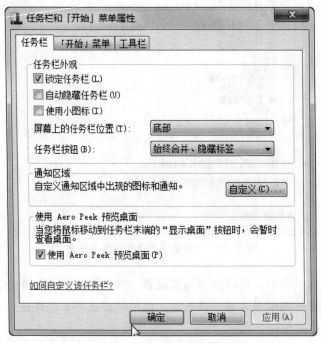

图 2-72　更改任务栏的显示方式

(四) 设置任务栏的位置

任务栏默认显示在屏幕的下方，用户可以根据个人操作习惯改变任务栏的位置，在"任务栏和「开始」菜单属性"对话框中单击"任务栏"选项卡，在"屏幕上的任务栏位置"下拉列表框中可以设置任务栏在屏幕的位置，如图 2-73 所示。

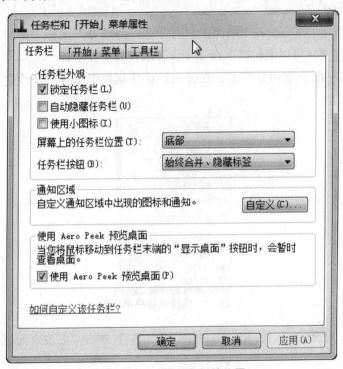

图 2-73　设置任务栏的位置

实际上，用户可以右击任务栏的空白处，在弹出的快捷菜单中取消选中"锁定任务栏"选项，这样可以将任务栏自由拖动到合适位置后，再将任务栏锁定即可。

(五) 禁用任务栏窗口预览功能

「开始」菜单中包含系统中安装的全部程序的快捷方式，而任务栏则是用于管理和控制正在运行的各种程序。当打开一个应用程序后，就会在任务栏上添加一个程序按钮。同时运行多个程序时，在任务栏上就会有许多按钮存在。如果要在应用程序间切换，可以单击要切换为当前程序的按钮。

在 Windows 7 中，任务栏的按钮增加了一些新的特性，即窗口预览功能。由于任务栏上有多个程序，如果不是想将程序切换到当前窗口，而只是想知道当前正在运行的程序大概内容，可以将鼠标移到程序按钮上等待几秒，这时会在按钮上方弹出一个预览窗口，再稍等，还会显示窗口的标题。虽然 Windows 7 任务栏的新特性使用起来很方便，但也有些用户可能不喜欢，这时可以将这些特性关闭。在"任务栏和「开始」菜单属性"对话框中单击"任务栏"选项卡，取消选中"使用 Aero Peek 预览桌面"复选框即可。

二、Windows 7 桌面个性设置

对于「开始」菜单和任务栏的个性化设置，都只能是修改一部分特性，而对整个桌面更有影响的是桌面背景及视窗的外观。

●●●（一）设置桌面图标

在默认情况下，Windows 7 桌面上只有一个"回收站"图标。用户查看和管理计算机资源很不方便，可以通过以下操作步骤显示其他桌面图标。

步骤1：在桌面上空白处右击，在弹出的快捷菜单中选择"个性化"命令，如图2-74所示。

图 2-74　选择快捷菜单命令

步骤2：在打开的"个性化"窗口中，单击左上方的"更改桌面图标"链接，如图2-75所示。

图 2-75　"个性化"窗口

步骤3：在打开的"桌面图标设置"对话框的"桌面图标"区域，选中需要在桌面显示的图标，如图2-76所示。

图 2-76 "桌面图标设置"对话框

步骤4：单击"确定"按钮即可在桌面上显示图标。

●●（二）更换桌面主题

长时间面对一成不变的桌面、边框显示、声音效果等用户界面中的元素，用户可能会感到枯燥、乏味。为此，Windows 7 提供了强大的桌面主题功能。桌面主题功能是将桌面壁纸、边框颜色、系统声效等组合，提供焕然一新的用户界面效果。Windows 内置了许多漂亮、个性化的 Windows 桌面主题。

步骤1：右击桌面的空白处，在弹出的快捷菜单中选择"个性化"命令，打开"个性化"对话框。

步骤2：在"个性化"窗口的列表框中，分为"我的主题""Aero主题"和"基本和高对比度主题"三类。默认情况下，"我的主题"中没有任何主题，用户可以通过单击"Aero主题"分类下的选项，来更改桌面背景、颜色、声效等，如图2-77所示。

图 2-77 个性化的 Aero 主题

主题切换一般在几秒钟内完成，如果要切换到"基本和高对比度主题"分类下的主题可能会花费较长时间。

Windows 7 也允许用户从网络上下载并安装精美的主题，其他用户自制的 Windows 7 主题也能安装。用户可以访问微软 Windows 7 网页，从中下载精美的主题（包括带多张桌面幻灯片式主题），如图 2-78 所示。

图 2-78　网站中的主题包

单击"联机获取更多主题"链接，会将相应的主题包下载到本地计算机，然后再双击下载后的文件，即可安装主题。主题安装完成后，将出现在"个性化"对话框的"我的主题"分类下。

●●●（三）设置桌面背景

在 Windows 7 桌面上，除了图标以外就是桌面背景了。用户可以通过以下操作设置桌面背景。

步骤1：在"个性化"窗口中单击下方的"桌面背景"图标按钮，如图2-79所示。

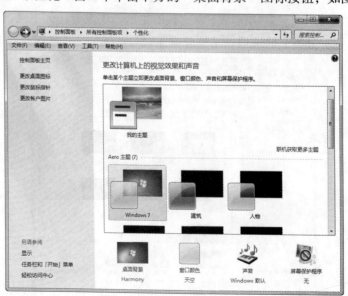

图 2-79　"个性化"窗口

步骤2：打开"桌面背景"窗口，在"图片位置"下拉列表框中选择桌面背景类型，或单击"浏览"按钮选择图片所在的位置，再选择一个墙纸图片并设定图片定位的方式，如图2-80所示。

图 2-80　选择桌面背景

步骤3：最后单击"保存修改"按钮完成桌面背景的设置。在"桌面背景"窗口下，列举了图片在桌面上的五种显示方式："填充"指背景图片小于屏幕时，图片在纵向和横向都进行扩展以填充整个屏幕；"适应"指图片的大小与屏幕大小相匹配；"拉伸"类似于填充，但图片较小时，会出现严重变形；"平铺"指多张相同的背景图片铺满整个屏幕；"居中"指将图片定位在屏幕的正中央。

如果同时选择了多张图片作为屏幕背景，下方的"更改图片时间间隔"下拉列表框便会被激活，用户可以选择图片变化的时间，这几张桌面背景就会按照设置的时间间隔自动切换。

如果不喜欢使用图片作为桌面背景，用户还可以直接设定使用某种单一的颜色作为背景。在"图片位置"下拉列表框中选择"纯色"选项。在显示的纯色块中选择一个作为背景色，最后单击"保存修改"按钮完成背景设置，如图2-81所示。

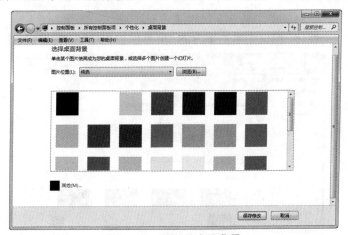

图 2-81　纯色的桌面背景

●●（四）调整系统声音主题

用户不仅能够自定义窗口的边框颜色，还能够自定义 Windows 系统声音方案。并且 Windows 7 同样内置了许多声音方案供用户选择。在"个性化"窗口中单击下方的"声音"图标按钮，可以打开"声音"对话框，如图 2-82 所示。

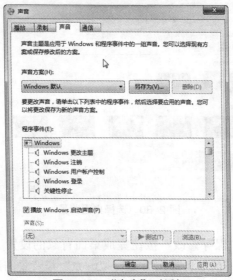

图 2-82 "声音"对话框

在"声音方案"下拉列表框中，单击当前的声音方案会出现内置声音方案的下拉菜单，选择适合的方案后，可以在下方的"程序事件"列表框中双击事件来试听新方案的声音效果。若用户对系统内置的声音方案不满意，可以在"程序事件"列表框中选择需要更改声音的事件，单击"浏览"按钮，选择自定义的声音文件即可。

●●（五）设置屏幕保护

如果用户长时间没有操作计算机，Windows 提供的屏幕保护程序就会自动启动，以显示较暗的或者活动的画面，从而保护显示器屏幕。设置屏幕保护程序的操作步骤如下：

步骤 1：在"个性化"窗口中单击下方的"屏幕保护程序"图标按钮，如图 2-83 所示。

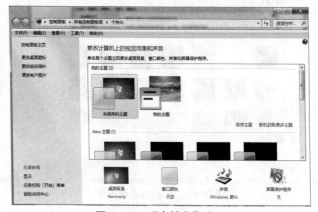

图 2-83 "个性化"窗口

步骤2：打开"屏幕保护程序设置"对话框，在"屏幕保护程序"下拉列表框中选择喜爱的屏幕保护程序，并单击"设置"按钮进行详细设置，如图2-84所示。

图2-84　"屏幕保护程序设置"对话框

步骤3：在"等待"数值框中选择屏幕保护程序的启动时间，单击"确定"按钮即可完成设置。

如果用户设置了系统登录密码，此处可以选中"在恢复时显示登录屏幕"复选框。完成设置后，当退出屏幕保护程序时弹出"密码"对话框，必须输入正确的密码才能退出屏幕保护程序。

●●（六）设置显示分辨率

显示分辨率是指显示器上显示的像素数量，分辨率越高，显示器显示的像素就越多，屏幕区域就越大，可以显示的内容也就越多；反之，则越少。显示颜色是指显示器可以显示的颜色数量。显示的颜色数量越高，图像就越逼真；反之，图像色彩就越失真。设置显示分辨率的操作步骤如下：

步骤1：在桌面的空白处右击，在弹出的快捷菜单中选择"屏幕分辨率"命令，如图2-85所示。

图2-85　选择快捷菜单命令

步骤2：在打开的"屏幕分辨率"窗口中的"分辨率"选项下拖动鼠标选择合适的分辨率即可，如图2-86所示。

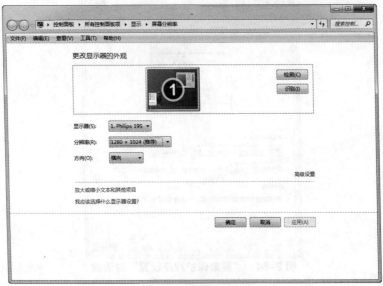

图2-86 设置分辨率

步骤3：如果需要设置颜色和刷新率，可以在"屏幕分辨率"窗口中单击"高级设置"链接，在打开的"通用即插即用监视器"对话框中的"监视器"选项卡下进行设置，如图2-87所示。

图2-87 设置刷新率

显示器的分辨率不能随意设置，液晶显示器都存在最佳分辨率。推荐的设置为：规格为 43.2 cm（俗称 17 寸）、48.3 cm（俗称 19 寸）推荐的分辨率设置为 1 280×1 024；48.3 cm（俗称 19 寸）宽屏的是 1 440×900；规格为 50.8 cm（俗称 20 寸宽屏）推荐的分辨率设置为 1 920×1 050 等。

另外，刷新率的设置只针对老式的 CRT 显示器；液晶显示器不需要设置。这是因为 CRT 显示器的图像是由电子枪逐行扫描屏幕上的荧光粉，每一行都是对屏幕的刷新。若刷新率低，屏幕显示闪烁就比较厉害。一般显示器的刷新率要达到 75 Hz 以上，人眼才不会感到屏幕的闪烁；但是刷新率也不应过高，否则会缩短显示器的使用寿命。

三、键盘和鼠标的设置

键盘和鼠标是最基本的计算机输入设备，几乎所有的用户操作都离不开这两种设备。当用户需要满足个人的需求时，可以对键盘和鼠标进行调整。

（一）设置键盘属性

调整键盘属性的操作步骤如下：

步骤1：首先单击"开始"按钮，然后选择"控制面板"菜单命令，弹出"控制面板"窗口，在该窗口中双击"键盘"图标，如图2-88所示。

图 2-88   "控制面板"窗口

步骤2：弹出"键盘属性"对话框，在"速度"选项卡中的"字符重复"选项栏中，拖动"重复延迟"滑块，可调整在键盘上按住一个键不松，多长时间后会再次重复这个字符；拖动"重复速度"滑块，可调整输入重复字符的速率；在"光标闪烁速度"选项栏中，拖动滑块，可调整光标的闪烁频率，如图2-89所示。用户可根据需要进行不同的调整，单击"应用"按钮，即可使所选设置生效。

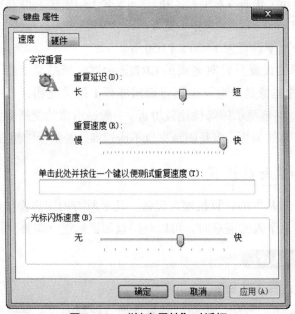

图 2-89 "键盘属性"对话框

设置鼠标的属性包括鼠标的按键方式、鼠标指针方案和鼠标移动方式。

● 1. 设置鼠标按键方式

如果用户有左手操作的习惯，那么鼠标要摆放在面对计算机屏幕的左侧。此时，需要将鼠标左键、右键的功能互换。

步骤1：单击"开始"按钮，在弹出的"开始"菜单中选择"控制面板"命令，打开"控制面板"窗口。在"控制面板"窗口中双击"鼠标"选项，如图2-90所示。

图 2-90 "控制面板"窗口

步骤2：在弹出的"鼠标属性"对话框中选择"鼠标键"选项卡，选中"切换主要和次要的按钮"复选框，如图2-91所示。此时，鼠标的左右键功能已经互换，再单击"确定"按钮。

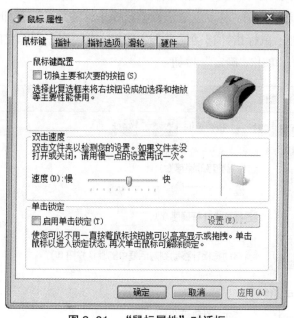

图 2-91 "鼠标属性"对话框

●2. 设置鼠标指针方案

设置鼠标指针方案可以改变 Windows 7 的默认鼠标指针过于单调或者不够明显的情况。在"鼠标属性"对话框中选中"指针"选项卡，单击"方案"下拉列表框，选择新的鼠标指针方案（见图 2-92），然后单击"确定"按钮。

图 2-92 设置鼠标指针方案

3. 设置鼠标移动方式

如果鼠标指针移动的速度太快，稍微晃动就看不见指针了。如果鼠标移动的速度太慢，又会耽误时间。所以可以对指针进行设置。在"鼠标属性"对话框中选中"指针选项"选项卡。通过拖动"移动"滑块调整鼠标指针的移动速度即可。如果选中"显示指针轨迹"复选框，鼠标指针移动就会产生残影，方便用户跟踪它的移动，如图 2-93 所示。设置完毕后，单击"确定"按钮。

图 2-93　"指针选项"选项卡

四、管理应用软件

在安装好需要的应用软件后，还应进行有效管理。Windows 7 使用了和以往操作系统完全不同的界面来显示已经安装的应用软件，并提供了在管理应用软件过程中需要的工具和选项。

（一）查看已安装的应用软件

可以通过以下操作步骤查看计算机中已经安装的软件。

步骤1：在"控制面板"窗口中单击"程序和功能"选项，如图2-94所示。

图 2-94 "控制面板"中的"程序和功能"图标

步骤2：打开"程序和功能"窗口后即可看到当前已经安装的软件，如图2-95所示。

图 2-95 "程序和功能"窗口

提示：也可以通过反选的方法隐藏不需要显示的属性。还可以通过单击"上移"和"下移"按钮调整属性的显示顺序。例如，选中"上一次使用日期"复选框，将显示每个软件上一次的使用日期，就可以根据这一属性排列应用程序，单击"上一次使用日期"即可查看最近使用过的应用软件。

（二）卸载已安装的应用软件

计算机中不需要某种软件，应通过以下操作步骤卸载，这样既可节省硬盘的存储空间，又可以提高系统的性能。

步骤1：在"程序和功能"窗口中选中需要卸载的软件，单击"卸载/更改"按钮，如图2-96所示。

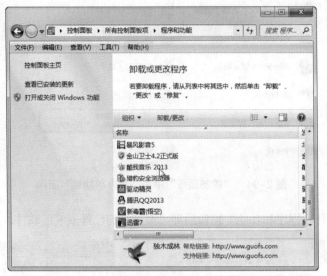

图 2-96　卸载软件

步骤2：弹出"卸载与修复"对话框，单击"下一步"按钮继续，如图2-97所示。

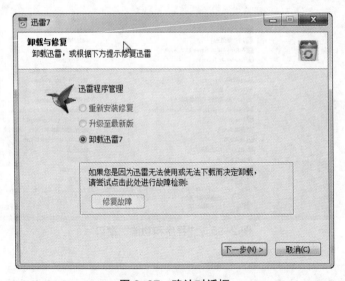

图 2-97　确认对话框

软件卸载的进程，此过程花费的时间取决于软件的大小和计算机的硬件配置。软件卸载完成后会弹出"选择卸载原因"对话框，单击"完成"按钮即可。如果想对软件的开发人员提出建议，可以选择卸载的原因，以便开发人员做出改进。

▶ 五、配置应用软件

计算机中安装大量的应用软件后，除了能够进行有效的管理外，还可以对应用软件进行相关配置。

●●(一) 配置默认程序

默认程序是打开某种特殊类型的文件（如音乐文件、图像或网页）时，Windows所使用的程序。例如，如果在计算机上安装了多个 Web 浏览器，可以选择其中之一作为默认浏览器。配置默认程序可以选择希望 Windows 在默认情况下使用的程序。

步骤1：在"控制面板"中的"程序"窗口中单击"默认程序"区域的"设置默认程序"链接，如图2-98所示。

图 2-98　"程序"窗口

步骤2：在打开的"设置默认程序"窗口的左侧列表框中选择希望配置的程序，选择"将此程序设置为默认值"选项，再单击"确定"按钮即可，如图2-99所示。

图 2-99　设置默认程序

步骤3：如果希望实现更加有选择性的设置，则需要单击"设置默认程序"窗口中的"选择此程序的默认值"选项，打开"设置程序关联"窗口。此窗口显示了该程序支持的所有文件类型及协议类型，同时还显示了不同项目的描述，以及与每个项目关联的程序。选中所有希望被该程序处理的类型，并反选所有不希望被该程序处理的类型，然后单击"保存"按钮即可，如图2-100所示。

图2-100　"设置程序关联"窗口

●●（二）配置文件关联

配置文件关联和配置默认程序存在本质上的不同：配置文件关联功能是针对不同类型的文件来决定用哪个程序打开，而配置默认程序功能则是决定这个程序可以用来打开哪些类型的文件。

步骤1：依次打开"控制面板" | "程序" | "默认程序"窗口，在"选择Windows默认使用的程序"区域中单击"将文件类型或协议与程序关联"链接，如图2-101所示。

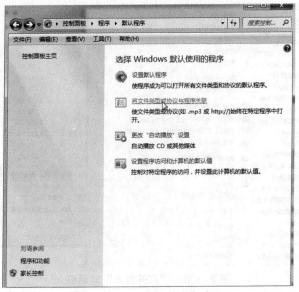

图 2-101　"默认程序"窗口

步骤2：进入"设置关联"窗口，从列表框中选择想要更改的文件类型，单击上方的"更改程序"按钮，如图2-102所示。

图 2-102　"设置关联"窗口

步骤3：打开"打开方式"对话框，其中列出了系统认为的可以用于打开这种类型文件的所有程序。从程序列表框中选择一个程序，然后单击"确定"按钮即可，如图2-103所示。

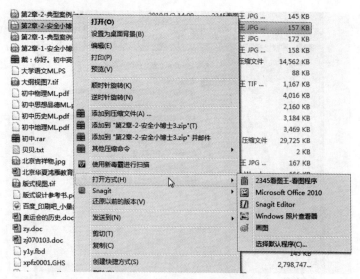

图 2-103　"打开方式"对话框

●●（三）更改自动播放设置

更改 Windows 7 的自动播放设置，可以为不同类型的数字媒体（如音乐 CD 或数码相机中的照片）选择要使用的程序。

步骤1：打开"控制面板"中的"默认程序"窗口，在"选择Windows默认使用的程序"区域中单击"更改'自动播放'设置"链接，如图2-104所示。

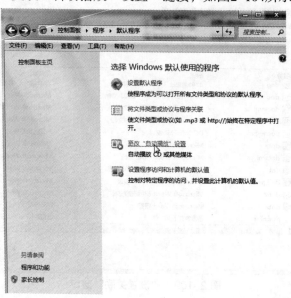

图 2-104　设置"默认程序"窗口

步骤2：进入"自动播放"窗口，该窗口列出了针对不同设备类型设置不同的自动播放选项。在每个要设置的设备类型下拉列表框中，根据设备中保存文件的不同选择合适的操作，如图2-105所示。

图 2-105　"自动播放"窗口设置

步骤3：单击"保存"按钮完成设置。

●●（四）设置特定程序的访问

使用"设定程序访问和计算机默认值"可以让用户更容易地更改用于某些活动（如Web浏览、发送电子邮件、播放音频和视频文件及使用即时消息）的默认程序。

步骤1：打开"控制面板"中的"默认程序"窗口，在"选择 Windows 默认使用的程序"区域中单击"设置程序访问和此计算机的默认值"链接，如图 2-106 所示。

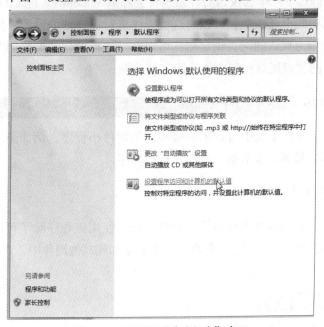

图 2-106　设置"默认程序"窗口

步骤2：打开"设置程序访问和此计算机的默认值"窗口，可以指定某些动作的默认程序，包括浏览器、电子邮件程序、媒体播放机程序、即时消息程序及 Java 虚拟机程序。设置完毕后，单击"确定"按钮保存更改，如图 2-107 所示。

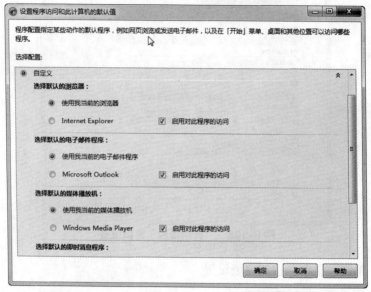

图 2-107 "设置程序访问和此计算机的默认值"窗口

"设置程序访问和此计算机的默认值"窗口中提供了以下三种选项：

Microsoft Windows：选中此单选按钮后，系统将会使用 Windows 7 自带的几个程序作为默认程序。

非 Microsoft：选中此单选按钮后，系统将会隐藏 Windows 7 自带的几个程序。

自定义：选中此单选按钮，可以对这些程序进行更详细的设置。例如，用户希望使用 360 浏览器作为默认的网页浏览器，可以在"选择默认的浏览器"栏下取消选中 Internet Explorer 的"启用对此程序的访问"复选框。

能力提升

在 Windows 7 操作系统中自带了一些实用的附件小程序，例如画图程序、计算机器以及文档编辑工具等。本节重点介绍几个小程序。

▶ 一、画图程序

画图程序是 Windows 7 系统自带的附件程序。使用该程序除了可以绘制、编辑图片以及为图片着色外，还可以将文件和设计图案添加到其他图片中，对图片进行简单的编辑。

●●（一）启动画图程序

单击"开始"菜单按钮，从弹出的菜单中选择"所有程序"｜"附件"｜"画图"

菜单项，即可启动画图程序。如图 2-108 所示。

图 2-108

●●(二) 认识"画图"窗口

画图窗口主要由 4 个部分组成，分别是快速访问工具栏、画图按钮、功能区和绘图区域。如图 2-109 所示。

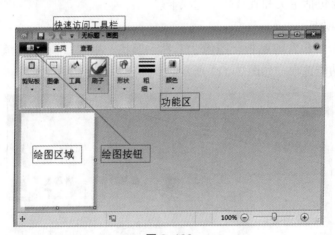

图 2-109

● 1. 快速访问工具栏

为了方便操作，画图程序将一些常用的菜单命令以按钮的形式存放在快速访问工具栏中，用户只需要单击这些按钮，就可以快速地执行相应的命令。如保存、撤消、重做、自定义快速访问工具栏等。

● 2. 画图按钮

单击画图按钮，从弹出的下拉菜单中可以进行图片的新建、打开、保存、另存为以及打印等基本操作，并且可以进行在电子邮件中发送图片、将图片设置为背景等其他操作。如图 2-110 所示。

图 2-110

● 3. 功能区

功能区主要包括主页和查看两个选项卡。

1）主页选项卡。

主页选项卡中包含剪贴板、图像、工具、形状、粗细、颜色 1、颜色 2、颜色以及编辑颜色等功能选项。如图 2-111 所示。

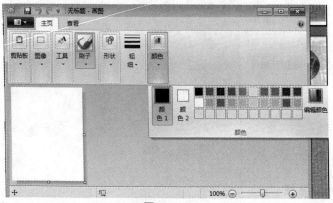

图 2-111

使用该选项卡中的功能选项可以完成各种图形的绘制、着色及图片的编辑等操作。

2）查看选项卡。

在查看选项卡中可以进行图片的放大、缩小、100% 以及全屏查看，并且可以在绘图区域显示标尺和网格线等。

●●（三）绘制基本图形

画图程序是一款比较简单的图形编辑工具，使用它可以绘制简单的几何图形，例如直线、曲线、矩形、圆形以及多边形等。

● 1. 绘制线条

使用画图工具可以绘制直线和曲线等多种线条。

1）绘制直线。

绘制直线的具体步骤如下：

步骤1：单击"形状"按钮，在展开的组中单击"直线"按钮。如图2-112所示。

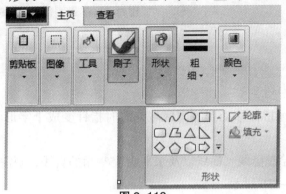

图 2-112

步骤2：单击"形状"按钮，在展开的组中单击"轮廓"按钮，然后从弹出的下拉列表中设置直线的"轮廓"，这里选择"蜡笔"选项。如图2-113所示。

图 2-113

步骤3：单击"粗细"按钮，从弹出的下拉列表中设置直线的粗细。如图2-114所示。

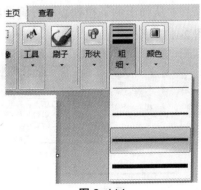

图 2-114

步骤4：在"颜色"组中设置直线的颜色。如图 2-115 所示。

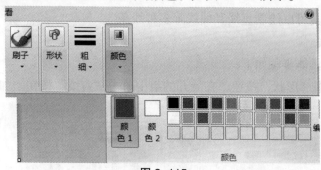

图 2-115

步骤5：将鼠标指针移动到绘图区域，此时指针变成十字形状，按住鼠标拖曳即可绘制直线。

步骤6：若要绘制竖线、横线以及水平成 45° 角的直线，则需要在绘制的同时按下 Shift 键。如图 2-116 所示。

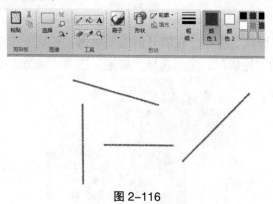

图 2-116

2）绘制曲线。

绘制曲线的方法与绘制直线大致相同，只是使用的工具不同。具体操作步骤如下：

步骤1：单击"形状"按钮，在展开的组中单击"曲线"按钮。

步骤2：单击"形状"按钮，在展开的组中单击"轮廓"按钮，然后从弹出的下拉列表中设置曲线的轮廓，这里选择"水彩"选项。

步骤3：单击"粗细"按钮，从弹出的下拉列表中设置曲线的粗细，接着在"颜色"组中设置曲线的颜色。如图 2-117 所示。

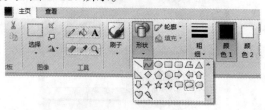

图 2-117

步骤4：将鼠标指针移动到绘图区域，然后绘制一条直线。

步骤5：在直线的任意一点上单击，并按住鼠标向外拖动，拖动到合适位置后单击即可完成曲线的绘制。

● **2. 绘制多边形和其他图形**

绘制多边形和其他图形与绘制线条的操作基本类似，此处不再一一赘述。

▶ 二、计算器

Windows 7 自带的计算器程序不仅具有标准计算器功能，而且集成了编程计算器、科学型计算器和统计信息计算器的高级功能。另外，还附带了单位转换、日期计算和工作表等功能，使计算器功能更加人性化。

（一）打开计算器

打开计算器的方法有以下两种：

（1）单击"开始"菜单按钮，从弹出的"开始"菜单中选择所有程序（附件）计算器菜单项，即可弹出计算器窗口。如图 2-118 所示。

图 2-118

（2）单击"开始"按钮，从弹出的"开始"菜单中的"搜索程序和文件"文本框中输入"计算器"，然后按下"Enter"键即可弹出"计算器"窗口。如图 2-119 所示。

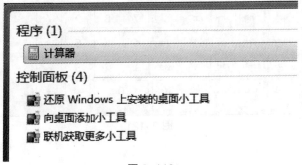

图 2-119

（二）计算器类型

计算器从类型上可分为标准型、科学型、程序员型和统计信息型 4 种。

● 1. 标准型

计算器工具的默认界面为标准型界面，使用标准型计算器可以进行加、减、乘、除等简单的四则混合运算。如图 2-120 所示。

图 2-120

● 2. 科学型

使用科学型计算器除可以进行标准型计算器的所有运算外，还可以对度、弧度和梯度进行平方运算、立方运算、三角函数运算、开平方运算、开立方运算等多种运算。在此模式下，计算器会精确到 32 位，并会考虑运算符的优先级。如图 2-121 所示。

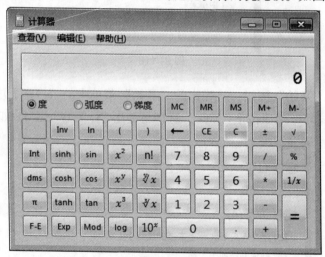

图 2-121

● 3. 程序员型

程序员型计算器除可以进行标准型运算外，还可以进行二进制、八进制、十进制和十六进制之间的相互转换，也可以进行位移运算和逻辑运算。在此种模式下计算器最多可精确到 64 位数，并会考虑运算符的优先级。如图 2-122 所示。

图 2-122

● **4. 统计信息型**

　　使用统计信息型计算器，如图 2-123 所示。可以输入要进行统计计算的数据，然后进行计算。输入数据时，数据将显示在历史记录区域中，所输入数据的值将显示在计算区域中。它可以进行平均值、平均平方值、总和、平方值总和、标准偏差和总体标准偏差运算。如图 2-124 所示。

图 2-123

按钮	功能
$\bar{x}$	平均值
$\overline{x^2}$	平均平方值
$\sum x$	总和
$\sum x^2$	平方值总和
σ_n	标准偏差
σ_{n-1}	总体标准偏差

图 2-124

● **5. 日期计算**

例如计算 2008 年 8 月 8 日北京奥运会开幕式到 2013 年 5 月 1 日之间间隔的天数，具体操作步骤如下：

步骤 1：在"计算器"窗口中选择"查看"菜单，在弹出菜单中选择"日期计算"菜单项，展开日期计算窗格。

步骤 2：分别在"从"和"到"下拉列表文本框中输入要计算的起始和结束日期。如图 2-125 所示。

步骤 3：输入完成后单击"计算"按钮，即可在"差（年月周天）"和"差（天）"文本框中显示出计算结果。如图 2-126 所示。

图 2-125

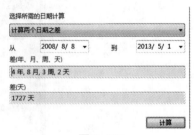

图 2-126

三、写字板

写字板是 Windows 7 操作系统自带的一款用来创建和编辑文档的文本编辑工具。使用它不仅可以进行简单的文本编辑，而且可以设置文本格式，插入图形、图片，以及链接和嵌入对象等。

Internet 应用

单元三 Internet 应用在信息化社会中，计算机已从单机使用发展到群体使用。计算机网络在社会和经济发展中也起着非常重要的作用，网络已经渗透到人们生活的各个角落，影响着人们的日常生活。如何组建一个局域网，如何将局域网接入 Internet 中去，如何利用网络为我们的工作和生活提供便利，是我们应当掌握的内容。

本单元通过两个任务，介绍了计算机网络与 Internet 基础知识、网上浏览、网络资源的搜索与下载、即时通信、收发电子邮件等内容。

任务一　搜索信息与在线交流

任务描述

　　Google 是多语言综合性搜索引擎，它以提供网上最好的查询服务、促进全球信息的交流为使命，是目前优秀的支持多语言的搜索引擎之一。

　　Google 提供简单易用的免费服务，用户可以在瞬间返回相关的搜索结果。在访问 Google 主页时，Google 提供网站、图像、新闻、新闻组、BBS 等多种资源的查询，包括中文简体、繁体、英语等 35 个国家和地区的语言资源。Google 目录中收录了 80 多亿网址，这些网站的内容涉猎广泛，无所不有。

　　Google 搜索引擎的网址是 http：//www.google.hk/，如图 3-1 所示。

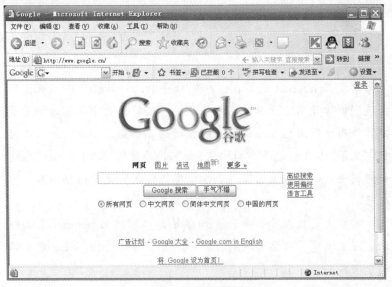

图 3-1　Google 搜索引擎主界面

任务实现

▶ 一、百度搜索引擎

　　百度（Baidu）是目前全球最优秀的中文信息与传递技术供应商。中国所有提供搜索引擎的门户网站中，80% 以上都由百度提供搜索引擎技术支持，现有客户包括新浪、搜狐、263、2lcn、上海热线等。

百度是中国互联网用户最常用的搜索引擎，每天完成上亿次搜索。它也是全球最大的中文搜索引擎，可查询数十亿中文网页。百度搜索引擎具有准确性高、查全率高、更新快以及服务稳定的特点，能够帮助广大网民快速地在浩如烟海的 Internet 信息中找到自己需要的信息，因此深受网民的喜爱。

百度的网址是 http：//www.baidu.com，如图 3-2 所示。

图 3-2　百度搜索主页

●●（一）百度的网页搜索

百度搜索引擎简单方便，仅需在主页的搜索框内输入查询内容，然后按回车键或单击"百度一下"按钮，即可得到最符合查询需求的网页内容。

例如，在百度搜索引擎主界面的搜索框内输入需要查询的内容"数码相机"，按回车键，或者用鼠标单击搜索框右侧的"百度一下"按钮，就可以得到符合查询需求的有关"数码相机"的网页信息，如图 3-3 和图 3-4 所示。

图 3-3　输入关键字

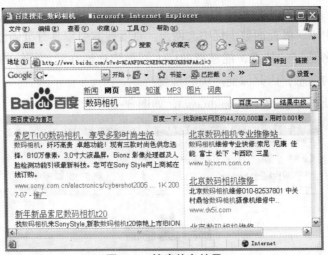

图 3-4　搜索信息结果

根据搜索结果页，如图 3-5 所示，你可以根据不同的需要操作。

（1）搜索结果标题。单击标题，可以直接打开该结果网页。

（2）搜索结果摘要。通过摘要，你可以判断这个结果是否满足你的需要。

（3）百度快照。"快照"是该网页在百度的备份，如果原网页打不开或者打开速度慢，可以查看"快照"浏览页面内容。

（4）相关搜索："相关搜索"是其他有相似需求的用户的搜索方式，按搜索热门度排序。如果搜索结果效果不佳，可以参考这些相关搜索。

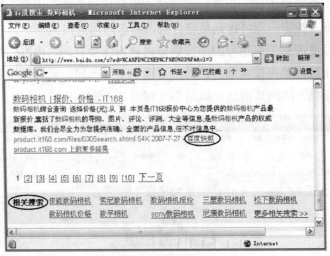

图 3-5　搜索结果

●●（二）百度的图片搜索

百度图片搜索引擎是世界上最大的中文图片搜索引擎，百度从数十亿中文网页中提取各类图片，建立了世界第一的中文图片库。到目前为止，百度图片搜索引擎可检索图片已经达到近亿张。而且，你可以利用百度新闻图片搜索从中文新闻网页中实时提取新闻图片，它具有新闻性、实时性、更新快等特点。

单击如图 3-6 所示的"图片"链接，或者在 IE 地址栏中输入 http：//image.baidu. com，都可以打开百度图片搜索主界面，在搜索框中输入要搜索的图片关键词："新年"，单击"百度一下"按钮，即打开搜索结果页面，如图 3-7 所示，单击自己喜欢的图片进行浏览或保存。

图 3-6　输入图片关键词

图 3-7　搜索图片结果

二、腾讯 QQ

腾讯 QQ（以下简称 QQ）是深圳市腾讯计算机系统有限公司开发的一款基于 Internet 的免费即时通信软件。支持在线聊天、视频电话、点对点断点续传文件、共享文件、网络硬盘、自定义面板、QQ 邮箱、QQ 游戏等多种功能。虽然 QQ 本身的功能很强大，但实际上很多功能对于一般用户来讲并不常用。

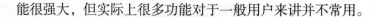
（一）添加 / 删除好友

● 1. 添加好友

　　新申请的号码，首次登录 QQ 时，好友列为空。要和其他人联系，必须先添加好友。单击右下角的"查找"按钮 ，打开"查找 / 添加好友"对话框，如图 3-8 所示。

图 3-8　"查找 / 添加好友"对话框

　　"查找 / 添加好友"对话框中为用户提供了 3 种查找好友的方式："看谁在线上"、"精确查找"和"QQ 交友中心搜索"。

　　（1）看谁在线上：单击"查找"按钮，将会显示出所有在线用户。

　　（2）精确查找：要求用户知道对方的 QQ 号码或电子邮件地址账号。

　　（3）QQ 交友中心搜索：可根据用户自己的要求，选择符合条件的聊天对象。

　　每个用户所拥有的 QQ 号码及电子邮件地址账号都是唯一的，就像公民的身份证号一样。但是，昵称却不唯一，同一个昵称可能会被多个用户使用，就像人的名字一样，重名的概率很高。如果用户只知道对方的昵称，那查找起来就有些费力了，需要从列出的所有用户列表中选择查找自己想要添加的好友。而如果通过对方的 QQ 号码或电子邮件地址账号，那么查找后列表中只会显示一个用户，如图 3-9 所示。

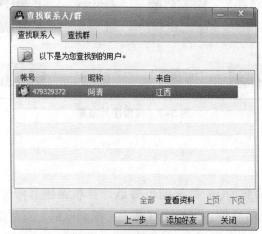

图 3-9　查找到的唯一好友

登录新申请的 QQ 号 835100593，并添加已知 QQ 号码为 479329372 的好友。

（1）双击桌面上的"腾讯 QQ"快捷图标，打开"QQ 用户登录"界面。

（2）在"QQ 号码"文本框中输入 835100593，并在"QQ 密码"文本框中输入对应的密码，单击"登录"按钮。

（3）单击 QQ 窗口右下角中的"查找"按钮，打开"查找 / 添加好友"对话框。

（4）在"精确条件"选项组的"对方账号"文本框中输入对方的 QQ 号码 479329372，单击"查找"按钮。

（5）选择列表框中查找到的唯一用户，单击"加为好友"按钮。

（6）稍等片刻，弹出如图 3-10 所示的"添加好友"对话框，在"请输入验证信息"列表框中输入验证信息，单击"确定"按钮。

图 3-10　输入验证信息

（7）当对方接受请求后，打开如图 3-11 所示的对话框，单击"确定"按钮，完成好友的添加。

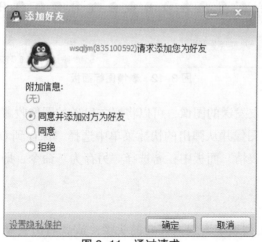

图 3-11　通过请求

● **2. 删除好友**

添加好友时一定要谨慎，万一添加的好友中不慎出现了喜欢发送一些广告或色情信息的用户，用户可以将这类好友删除。若要删除某位好友，可右击该好友的头像，从弹出的快捷菜单中选择"删除好友"命令，弹出"删除好友"对话框，询问用户是否要删除好友，单击"确定"按钮即可。

删除好友后，有可能会再次被查找到。为了避免该类用户再次发送广告给自己，用户可以将这类用户屏蔽掉，操作方法为：在要屏蔽的头像上右击，从弹出的快捷菜单中选择"将好友移动到"|"黑名单"命令即可。

●●（二）发送即时消息

聊天软件中所谓的消息包括文字、符号、表情图标和图像。打开聊天窗口，如果要发送文字信息，应先调出输入法，确定光标位于文字输入区域，输入文字信息，单击"发送"按钮（或按【Ctrl+Enter】组合键），即可向好友发送即时消息。如果用户认为通过单击"发送"按钮或按组合键发送信息不太方便，想将其更改为按【Enter】键实现信息发送，可单击"发送"按钮右侧的下拉箭头按钮，从弹出的列表中选择"按Enter键发送信息"选项。

● 1. 使用表情图标

若要使用表情图标，单击聊天窗口中部工具栏内的"选择表情"图标，从打开的面板中选择所需的表情图标，如图 3-12 所示，发送即可。

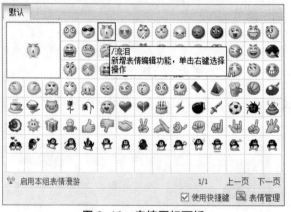

图 3-12　表情图标面板

如果非常喜欢好友发送的图像，可以将好友发送的图像收藏起来。收藏好友发送图像的方法为：右击图像并从弹出的快捷菜单中选择"保存到 QQ 表情"命令，即可将图像添加至"选择表情"面板中；若选择"另存为"命令，即可将图像保存到本地硬盘。

● 2. 收发信息

（1）在 QQ 好友列表中，双击好友的头像，或者右击头像，从弹出的快捷菜单中选择"收发信息"命令可打开聊天窗口。

（2）若收到好友发来的信息，双击系统托盘中闪烁的头像，也可打开聊天窗口，如图 3-13 所示。

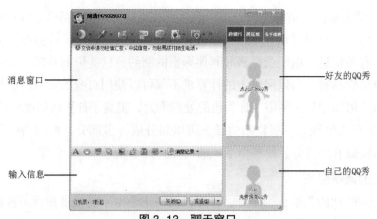

消息窗口

输入信息

好友的QQ秀

自己的QQ秀

图 3-13　聊天窗口

（3）QQ 的聊天窗口分为上、下两部分，上半部分显示聊天记录，包括双方的对话、动作、系统消息等；下边的窗口用于输入自己的聊天话语。

（4）选择一种输入法，输入文字后，单击"发送"按钮，当信息成功显示到上边的窗口中时，表明信息已经发送成功了。此外，也可以按下【Ctrl】+【Enter】组合键发送信息。

（5）单击"设置字体颜色和格式"按钮，打开其工具栏，将字体设置为"楷体GB_2312"，字号设置为 10，颜色设置为棕色。

（6）打开"选择表情"面板，从中选择任意表情，如"难过" 🙁 。

（7）完成后，单击"发送"按钮右侧的下拉箭头按钮，从中选择"按 Enter 键发送信息"选项，按 Enter 键即可发送信息。

相关知识

一、计算机网络的定义、功能和分类

（一）计算机网络的定义

计算机网络是由传输介质连接在一起的一系列设备（称为网络节点）组成。一个节点可以是一台计算机、打印机或是任何能够发送或接收由网络上其他节点产生数据的设备。设备之间的链路常被称为通信信道，这些设备通过连接实现资源的共享。

（二）计算机网络的功能

● 1. 基本功能

将若干台计算机连接在一起组成一个现代计算机网络，可以实现以下 3 个基本功能。

（1）信息交换。这是计算机网络最基本的功能，主要完成计算机网络中各个节点之间的系统通信。用户可以在网上传送电子邮件、发布新闻消息、进行电子购物、电子贸易和远程电子教育等。

（2）资源共享。所谓的资源是指构成系统的所有要素，包括软、硬件资源，如：计算处理能力、大容量磁盘、高速打印机、绘图仪、通信线路、数据库、文件和其他计算机上的有关信息。由于受经济和其他因素的制约，这些资源并非（也不可能）所有用户都能独立拥有，所以网络上的计算机不仅可以使用自身的资源，也可以共享网络上的资源。因而增强了网络上计算机的处理能力，提高了计算机软硬件的利用率。

（3）分布式处理。一项复杂的任务可以划分成许多部分，由网络内各计算机分别协作并行完成有关部分，使整个系统的性能大为增强。

2. 普及的网络服务

网络提供的功能常被称为服务，计算机网络正是由于能提供和管理各种服务而变得有价值。在多种网络服务中，以下几种网络服务最为普及。

（1）文件服务：指使用文件服务器提供数据文件、应用和磁盘空间共享的功能。文件服务是网络的最初应用，至今仍是网络的应用基础。

（2）打印服务：增加了对打印机的访问能力，消除了距离限制，处理并发请求以及特殊设备的共享。

（3）网络通信服务：借助于网络通信服务，远程用户可以连接到网络上的任何一个终端。

（4）电子邮件服务：用户借助于电子邮件可以实现组织内外快捷方便的通信。邮件服务除提供发送、接收和存储电子邮件的功能外，还可以包含智能的电子邮件路由能力（比如，如果某技术支持在邮件接收后 15 min 内没有打开邮件，则邮件自动转发给主管）、提示、规划、文档管理等功能。

（5）Internet 服务：包括 WWW 服务器和浏览器、文件传输功能、Internet 编址模式、安全过滤，以及直接登录到 Internet 上其他计算机的方法。

（6）网络管理服务：集中管理网络，并简化网络的复杂管理任务。

3. 网络的特点

从 20 世纪 80 年代开始，计算机网络技术进入新的发展阶段，它以光纤通信应用于计算机网络、多媒体技术、综合业务数字网络（ISDN）、人工智能网络的出现和发展为主要标志。20 世纪 90 年代至 21 世纪初是计算机网络高速发展的时期，计算机网络的应用将向更高的层次发展，据预测，今后计算机网络将具有以下特点。

（1）开放式的网络体系结构，使不同软硬件环境、不同网络协议的网络可以相互连接，真正达到数据共享、数据通信和分布处理的目的。

（2）向高性能发展，追求高速度、高可靠性和高安全性，采用多媒体技术，提供文本、声音、图像等综合性服务。

（3）计算机网络的智能化，多方面提高了网络的性能和综合的多功能服务，并更加合理地进行网络各种业务的管理。真正以分布和开放的方式向用户提供服务。

4. 网络的组成和分类

不同网络的组成不尽相同，但不论是简单的网络还是复杂的网络，主要都是由计算机、网络连接设备、传输介质，以及网络协议和网络软件组成的。

● **5. 网络的组成**

（1）计算机的任务。计算机网络是为了连接计算机而产生的。计算机主要完成数据处理任务，为网络内的其他计算机提供共享资源等。现在的计算机网络不仅能连接计算机，还能连接许多其他类型的设备，包括终端、打印机、大容量存储系统、电话机等。

（2）网络连接设备。网络连接设备主要用于互联计算机之间的数据通信，它负责控制数据的发送、接收或转发，包括信号转换、格式转换、路径选择、差错检测与恢复、通信管理与控制等。我们熟悉的网络接口卡（NIC）、集线器（Concentrator）、中继器（Repeater）、网桥（Bridge）、路由器（Router）、交换机（Switch）等都是网络连接设备。此外，为了实现通信，网络中还经常使用其他一些连接设备，如调制解调器（Modem）、多路复用器（Multiplexing）等。

（3）传输介质。传输介质构成了网络中两台设备之间的物理通信线路，用于传输数据信号。

（4）网络协议。网络协议是指通信双方共同遵守的一组语法、语序规则。它是计算机网络工作的基础，一般来说，网络协议一部分由软件实现，另一部分由硬件实现；一部分在主机中实现，另一部分在网络连接设备中实现。

（5）网络软件。计算机是在软件的控制下工作的，同样，网络的工作也需要网络软件的控制。网络软件一方面控制网络的工作，控制、分配、管理网络资源，协调用户对网络的访问，帮助用户更容易地使用网络。网络软件要完成网络协议规定的功能。在网络软件中最重要的是网络操作系统，网络的性能和功能往往取决于网络操作系统。

（6）网络的分类。目前，计算机网络的类型很多，根据各种不同的联系原则，可以得到不同类型的计算机网络。因此，对计算机网络的分类方法也各有不同。例如，按照通信距离来划分，计算机网络可以分为局域网和广域网等；按照网络的拓扑结构来划分，可以分为环型网、星型网、总线网等；按照传输介质来划分，可以分为双绞线网、同轴电缆网、光纤网和卫星网等；按照信号频带占用方式来划分，又可以分为基带网和宽带网。

● **6. 网络协议的概念及功能**

Internet 之所以能发展到今天，应归功于 TCP/IP 协议。该协议是在 ARPANET 的研制过程中产生的。它与其他的网络协议相比，最大的特点就是可实现不同操作系统计算机之间的信息交换，也就是说它可以独立于任意一个操作系统。因此，无论是在当时还是在现在，TCP/IP 协议都对 Internet 的发展有着极其深远的意义。

那么什么是 TCP/IP 协议呢？首先要明确协议的概念，协议就是指人们为了使计算机之间能够进行通信而规定的一些规则。只有支持相同的协议，计算机之间才能正常地进行通信。TCP/IP（Transmission Control Protocol/Internet Protocol）即传输控制

协议与网际协议，是国际互联网上的各种网络和计算机之间进行交流的"共同语言"，是 Internet 上使用的一组完整的标准网络连接协议。

TCP/IP 协议提供了一种数据传输的统一格式；提供了进行数据错误检查和纠正的方法；提供了接收方和发送方确认收到数据和发送完数据的方法；还提供了一些通信所必需的机制。总之，TCP/IP 是维系 Internet 的基础，若没有该协议，网络间将无法通信。任何一台想连入 Internet 的计算机，无论它使用什么样的操作系统，都必须安装 TCP/IP 协议。

二、计算机网络的体系结构与协议

●●（一）计算机网络的体系结构

在计算机网络技术中，网络的体系结构指的是通信系统的整体设计，它的目的是为网络硬件、软件、协议、存取控制和拓扑提供标准。它将直接影响总线、接口和网络的性能。现在广泛采用的是开放系统互连 OSI（Open System Interconnection）的参考模型，它是用物理层、数据链路层、网络层、传送层、对话层、表示层和应用层七个层次描述网络的结构。OSI/RM 中定义的七层如图 3-14 所示。

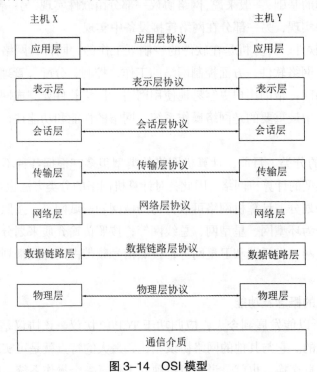

图 3-14　OSI 模型

OSI 参考模型各层的主要功能如下：

（1）物理层：物理层的主要功能是利用物理传输介质为数据链路层提供物理连接，以便透明地传送比特流。

（2）数据链路层：在物理层提供比特流传输服务的基础上，在通信的实体之间建立数据链路连接，传送以"帧（Frame）"为单位的数据，采用差错控制、流量控制方法，使有差错的物理线路变成无差错的数据链路。

（3）网络层：主要功能是要完成网络中主机间"分组"（Packet）的传输，通过路由算法，为分组通过通信子网选择最适当的路径，网络层还要实现阻塞控制与网络互连等功能。

（4）传输层：主要任务是向上一层提供可靠的端到端服务，确保"报文段"（Segment）无差错、有序、不丢失、无重复地传输。它向高层屏蔽了下层数据通信的细节，是计算机通信体系结构中最关键的一层。

（5）会话层：会话层的功能是建立、组织和协调两个互相通信的应用进程之间的交互。会话层不参与具体的数据传输，但它却对数据的传输进行管理。

（6）表示层：主要用于处理在两个通信系统中交换信息的表示方式，它包括数据格式变换、数据加密与解密、数据压缩与解压缩等功能。

（7）应用层：应用层确定进程间通信的性质，以满足用户的需要。应用层不仅要提供应用进程所需要的信息交换和远程操作，而且还要作为应用进程的用户代理来完成一些进行信息交换所必需的功能，如文件传送访问和管理、虚拟终端、事务处理、远程数据库访问等。

●●●（二）协议

在计算机网络中要做到有条不紊地交换数据，就必须遵守一些事先约定好的规则。这些规则明确规定了所交换的数据的格式以及有关的同步问题。这些为进行网络中的数据交换而建立的规则、标准或约定被称为网络协议。进一步讲，一个网络协议主要由以下三个要素组成：

（1）语法，即数据与控制信息的结构或格式。

（2）语义，即需要发出何种控制信息，完成何种动作以及做出何种应答。

（3）同步，即事件实现顺序的详细说明。

网络协议（Protocol）是一种特殊的软件，是计算机网络实现其功能的最基本机制。网络协议的本质是规则，即各种硬件和软件必须遵循的共同守则。网络协议并不是一套单独的软件，它融合于其他所有的软件系统中，因此可以说，协议在网络中无处不在。网络协议遍及 OSI 通信模型的各个层次，从我们非常熟悉的 TCP/IP、HTTP、FTP 协议，到 OSPF、IGP 等协议，有上千种之多。对于普通用户而言，不需要关心太多的底层通信协议，只需要了解其通信原理即可。在实际管理中，底层通信协议一般会自动工作，不需要人工干预。但是对于第三层以上的协议，就经常需要人工干预了，比如 TCP/IP 协议就需要人工配置才能正常工作。

局域网常用的三种通信协议分别是 TCP/IP 协议、NetBEUI 协议和 IPX/SPX 协议。TCP/IP 协议毫无疑问是这三大协议中最重要的一种，作为互联网的基础协议，没有它就根本不可能上网，任何和互联网有关的操作都离不开 TCP/IP 协议。不过 TCP/IP 协议也是这三大协议中配置起来最麻烦的一个，单机上网还好，若通过局域网访问互联

网，就要详细设置 IP 地址、网关、子网掩码、DNS 服务器等参数。

TCP/IP 协议族中包括上百个互为关联的协议，不同功能的协议分布在不同的协议层，几个常用协议如下：

（1）Telnet（Remote Login）：提供远程登录功能，一台计算机用户可以登录到远程的另一台计算机上，如同在远程主机上直接操作一样。

（2）FTP（File Transfer Protocol）：远程文件传输协议，允许用户将远程主机上的文件拷贝到自己的计算机上。

（3）SMTP（Simple Mail Transfer Protocol）：简单邮件传输协议，用于传输电子邮件。

（4）HTTP（Hyper Text Transfer Protocol）：超文本传输协议，用于传输超文本标记语言（HTML，Hyper Text Markup Language）写的文件，即网页。

▶ 三、IP 地址与域名

●●（一）IP 地址

Internet 是通过路由器将物理网络连接在一起的虚拟网络，而实际上每台计算机都有一个物理地址（Physical Address），物理网靠此地址来识别其中每一台计算机。在 Internet 中，为解决不同类型的物理地址的统一问题，采用了一种全网通用的地址格式，为全网中的每一台主机分配一个 Internet 地址，这个地址就叫做 IP 地址。IP 地址由网络号和主机号两部分构成。

网络号	主机号

按照网络规模的大小，可以将 IP 地址分为五种类型，其中 A、B、C 是三种主要的类型。除此之外，还有两种次要类型的网络，一种是多目传送的多目地址 D；另一种是扩展备用地址 E。

IP 地址是由 32 位二进制数组成，即 4 个字节，每个字节由 8 位二进制数组成。为了方便记忆采用十进制标记法，即将 4 个字节的二进制数值转换为 4 段十进制数，用小数点将 4 段十进制数字分开。例如，有如下一组二进制 IP 地址：

11001010 01101010 1011 100011001000

转换成十进制表示法为：202.106.184.200

●●（二）A 类地址

A 类地址的前 8 位为网络地址，后 24 位为主机地址。因为网络地址不能全为 0，所以 A 类地址范围为：1.0.0.0 ~ 127.255.255.255。因为主机地址不能全为 0，也不能全为 1，所以每个 A 类网络可容纳 16777214（$2^{24}-2$）台主机，因此，A 类地址适合于规模特别大的网络使用。

●●（三）B 类地址

前 16 位为网络地址，后 16 位为主机地址，其地址范围为：128.0.0.0 ~ 191.255.255.255。每个B类地址可容纳65534（2^{16}-2）台主机，因此，B类地址适合于一般的中等网络使用。

（四）C类地址

前24位为网络地址，后8位为主机地址，其地址范围为：192.0.0.0 ~ 223.255.255.255。每个C类地址可容纳254（2^8-2）台主机，因此，C类地址适合于小型网络。

另外，D类地址和E类地址的用途比较特殊。D类地址称为广播地址，供特殊协议向选定的节点发送信息时用，E类地址保留给将来使用。

在Internet中，一台主机可以有一个或多个IP地址，但两台或多台主机却不能共用一个IP地址。如果有两台主机的IP地址相同，则会引起异常现象，无论哪台主机都将无法正常工作。

（五）域名（Domain）

无论是二进制还是十进制IP地址，它们都很难记忆，为了解决这个问题，在Internet上每台计算机得到一个IP地址的同时，也得到了它的"名字"，这个名字就是"域名"，它是由小数点分割开的几组字符串组成，例如，清华大学校园网的WWW服务器的IP地址为166.111.4.100，其域名地址为：

www.tsinghua.edu.cn

首先由国际互联网组织划分出若干的顶级域名，例如：cn（中国）、uk（英国）等地理类域名和美国的各种机构组织，并将各部分域名管理权限交给相应的机构。顶级域名大体可分为两类：机构组织类域名和地理类域名，其含义见表3-1 ~ 表3-2。

表3-1　以机构区分的域名

域名	机构含义	域名	机构含义
com	商业机构	net	网络机构
edu	教育机构	int	国际机构
gov	政府机构	org	不符合以上分
mil	军事机构		类机构的机构

表3-2　地理类域名

区域	国别/地区	区域	国别/地区
gb	英国	es	西班牙
us	美国	nl	荷兰
cn	中国	jp	日本
ru	俄罗斯	no	挪威
au	澳大利亚	at	奥地利
ca	加拿大	nz	新西兰
de	德国	dk	丹麦
il	以色列	fr	法国
ch	瑞士	kr	韩国
sg	新加坡	br	巴西

（六）统一资源定位符

统一资源定位符（URL，Uniform Resource Locator），是专为标识 Internet 网上资源位置而设的一种编址方式，如平时所说的网页地址指的即是 URL，它的位置对应在 IE 浏览器窗口中的地址栏，其格式为：

协议服务类型：// 用户名：密码 @ 主机地址：端口号 / 文件路径

URL 由三部分组成，第一部分指出协议服务类型，第二部分指出信息所在的服务器主机域名，第三部分指出包含文件数据所在的精确路径。

URL 中的域名可以唯一地确定 Internet 上的每一台计算机的地址。域名中的主机部分一般与服务类型相一致，如提供 Web 服务的 Web 服务器，其主机名往往是 www；提供 FTP 服务的 FTP 服务器，其主机名往往是 ftp。

用户程序使用不同的 Internet 服务与主机建立连接时，一般要使用某个缺省的 TCP 端口号，也称为逻辑端口号。端口号是一个标记符，标记符与在网络中通信的软件相对应。一台服务器一般只通过一个物理端口与 Internet 相连，但是服务器可以有多个逻辑端口用于进行客户程序的连接。例如，Web 服务器使用端口 80，Telnet 服务器使用端口 23。这样，当远程计算机连接到某个特定端口时，服务器用相应的程序来处理该连接。端口号可以使用缺省标准值，不用输入；有的时候，某些服务可能使用非标准的端口号，则必须在 URL 中指明端口号。例如：

http://www.tsinghua.edu.cn/news/index.html

其中：http 表示该资源类型为超文本信息；

www 表示主机域名；

tsinghua 表示清华大学的主机名；

edu 表示教育部门（第二级域名）；

cn 表示中国（第一级域名，顶级）；

news 为存放文件的目录；

index.html 为网页文件名。

▶ 四、网络传输介质

传输介质是数据发送的物理基础，它处于 OSI 模型的最底层。最初的计算机网络是通过又粗又重的同轴电缆发送数据的。目前，大部分网络介质则如同电话线一样，具有易弯曲的外部，内部则是绞接的铜线。随着科技及经济的快速发展，计算机网络要求更高的速度、更多的用途、更可靠的性能，传输介质也随之不断地更新。当前，组建局域网可采用有线介质和无线介质两种，有线传输介质有：双绞线和光纤；无线传输介质包括：微波、无线电波、红外和卫星通信等。

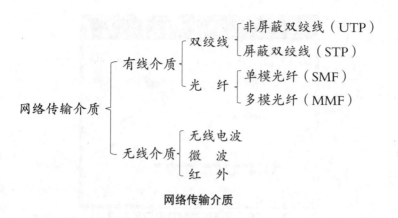

网络传输介质

五、连接Internet

在设置好调制解调器并与电话线正确连接后，就可以建立与Internet的连接了。通过Windows7提供的"设置连接或网络"向导，用户可以非常方便的设置与Internet的连接，具体操作如下：

步骤1：单击"开始"按钮，打开"控制面板"，选择"网络和Internet"项下的"查看网络状态和任务"，打开"网络和共享中心"窗口。

步骤2：点击"设置新的连接或网络"，打开"设置连接或网络"对话框，该对话框中有"连接到Internet"、"设置新网络"、"连接到工作区"、"设置拨号连接"等选项，这里我们需要选择"连接到Internet"选项并单击"下一步"，以建立与Internet的连接。

步骤3：选择"宽带（PPPoE）"连接，按照屏幕提示，填入从ISP（Internet服务提供商）处获得的用户及密码，"连接名称"可以任意设置，这里默认为"宽带连接"。填写完毕点击"连接"按钮，即可开始进行连接，如图3-15所示。

步骤4：连接成功，会提示"您已连接到Internet"，我们已成功将计算机接入到Internet，如图3-16所示。

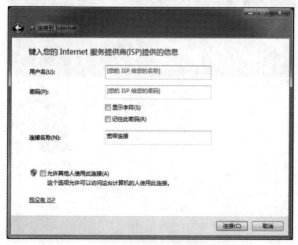

图3-15　建立新用户向导窗口示意图

图 3-16　网络连接信息窗口示意图

步骤5：今后想再次连接到Internet，可以单击系统任务栏中的网络图标，找到我们刚创建的"宽带连接"，点击"连接"按钮，即可接入Internet。

六、Internet Explorer 9 浏览器

（一）Internet Explorer 9 的窗口界面

浏览器是帮助人们浏览、查询网上信息资源的工具软件。Internet Explorer 是微软公司推出的一个功能强大的网络软件，利用它用户不仅可以上网，还可以收发电子邮件，进行网上聊天、开会等。利用它可以从每一台计算机进入互联网世界。

双击桌面上的"Internet Explorer"图标或在"开始"菜单中选择"所有程序"找到并点击"Internet Explorer"，便可启动 Internet Explorer 9.0。Internet Explorer 9.0 的窗口界面非常简洁，除标题栏之外，将地址栏和标签选项卡集成在了一行当中，并且默认只显示几个常用的功能按钮。如果想使用更多功能，可以在标题栏空白处单击鼠标右键，在弹出的菜单中，可以添加菜单栏、收藏夹栏、命令栏和状态栏等更多功能，如图 3-17 所示。

图 3-17　Internet Explorer 9 窗口界面

● **1. 浏览网页**

用户可以根据自己的兴趣任意浏览 Web 站点。下面以浏览新浪网（http：//www. sina.com.cn）为例，介绍浏览一个站点的基本过程。浏览 Web 站点的方法有以下几种。

● **2. 在"地址"栏中输入要访问的 Web 站点的地址**

在"地址"栏中输入"www.sina.com.cn"，按回车键，则新浪网的主页显示在浏览器的主窗口中，如图 3-18 所示。如果当前浏览的页面较长，可以使用滚动条翻动页面，阅读页面中的内容。

图 3-18　新浪网主页

● **3. 超链接**

超链接的形式多种多样，包括文本、图片和按钮超链接。在 Internet Explorer 的缺省设置中，未单击过的文本为蓝色，已经单击过的文本为褐色。无论是什么形式的超链接，当用户将鼠标指针移动到超链接上时，指针形状就会变成一只小手，同时目标链接所对应的 URL 也会显示在浏览器在状态栏中。如要跳转到该目标链接，只需要在超链接上单击鼠标，如单击图 3-18 中的文字超链接，则显示出链接到的目标页面。

● **4. 查看已浏览过的页面**

查看本次浏览期间已浏览过的页面有三种方法。

（1）使用工具栏中的"后退"按钮和"前进"按钮，在前后浏览页面之间进行跳转。按"后退"和"前进"按钮只能按浏览的顺序先后转换页面。

（2）Internet Explorer 提供了本次浏览期间的历史列表，如果希望任意选择本次浏览期间浏览过的页面，便可以使用历史列表功能。在"后退"按钮上单击鼠标右键便可以打开本次浏览期间的历史列表，用户可以从中选择要浏览的网页名称，迅速返回到该页面。该列表在每次启动 Internet Explorer 时都将被重建。

（3）如果想查看最近几天浏览过的网页，可在"后退"按钮上单击鼠标右键，选择"历史记录"或使用快捷键"Ctrl+Shift+H"打开"历史记录"列表，然后在列表

中单击要浏览的页，即可打开曾经访问过的网页。

Internet Explorer 9 还提供了恢复上次浏览会话功能，可以恢复最后一次关闭的页面，我们只需要在"工具"菜单中单击"重新打开上次浏览会话"即可。

● 5. 全屏浏览

Internet Explorer 的标题栏、菜单栏、地址栏状态栏在屏幕上占用了比较大的空间，限制了用户的视野，使用户要不断地拖动页面右侧的滚动条才能查看页面上的全部信息。为了方便用户浏览，Internet Explorer 中设置了全屏显示功能，用户只要单击常用工具栏中的"全屏"按钮，页面就会显示在整个屏幕上。显然，全屏显示时页面的内容要比正常显示时大许多。用户如果想细调全屏显示功能，可以再次单击"全屏"按钮。全屏按钮不是系统的默认显示按钮，用户可以在"命令栏"任意位置单击鼠标右键，在弹出的菜单中选择"自定义"、"添加或删除命令"打开"自定义工具栏"窗口，将该按钮添加到工具栏中，或直接使用快捷键"F11"。

●●（二）网页的保存与打印

● 1. 保存网页信息

用户可以保存整个 Web 页，也可以保存其中的部分内容（如文本、图形或链接）。信息保存后，用户可以在其他文档中使用它们或将其作为 Windows 墙纸在桌面上显示，也可以通过电子邮件将 Web 页或指向该页的链接发送给其他能够访问 Web 网页的人，与他们共享这些信息。

保存 Web 页上的信息可以使用以下方法。

（1）保存当前页面。

步骤1：选择"页面"菜单中的"另存为"命令或使用快捷键"Ctrl+S"，弹出"保存网页"对话框。

步骤2：在"保存网页"对话框中指定文档保存的位置和名称，然后单击"保存"按钮。利用该保存方式只能保存页面的 HTML 文档本身，图片、动画等信息需要另行存储。

（2）直接保存（不打开网页或图片）。不打开网页或图片而直接保存相关内容的步骤如下。

步骤1：用鼠标右键单击链接项或图片，在弹出的快捷菜单中选择"目标另存为"选项，弹出的"另存为"对话框。

步骤2：在"另存为"对话框中指定保存的位置和名称，然后单击"保存"按钮，Internet Explorer便开始下载并保存指定的内容。

（3）将信息复制到文档中。将 Web 页中的信息复制到文档中的步骤如下。

步骤1：选定要复制的信息。

步骤2：在"页面"菜单中，单击"复制"命令。

步骤3：在需要显示信息的文档中，单击放置这些信息的位置，在"编辑"菜单中单击"粘贴"命令。但是，在浏览器中不能将某个 Web 页的信息复制到另一个 Web 页中。

（4）查看源文件。如果要查看当前页的 HTML 源文件，只要在浏览器的"页面"菜单中单击"查看源文件"命令，即可查看当前页的 HTML 源文件。

（5）保存图片。

步骤 1：用鼠标右键单击网页上的图片。

步骤 2：在弹出的快捷菜单中选择"图片另存为"选项，弹出"另存为"对话框。

步骤 3：在"另存为"对话框中指定保存的位置和名称，然后单击"保存"按钮。

（6）图片作为桌面墙纸。将 Web 页面上的图片作为桌面墙纸的操作非常简单，只要用鼠标右键单击网页上的图片，在弹出的快捷菜单中选择"设置为背景"命令即可。

（7）用电子邮件发送 Web 页。

步骤 1：转到要发送的 Web 页。

步骤 2：在"页面"菜单中，选择"用电子邮件发送此页面"或"通过电子邮件发送链接"命令。

步骤 3：输入要发送的 Web 页的目标地址，单击工具栏中的"发送"按钮。

● 2. 打印网页信息

如果用户要以纸质文件的形式保存浏览到的网页信息，则需要使用打印功能。由于网页的特殊组织模式，打印网页与打印普通文档有所区别，下面我们给出一些打印网页的方法。

（1）打印无框架的页面。打印无框架的页面的步骤与打印普通文档类似，不再说明。

（2）打印有框架的页面。如果网页使用了框架，而用户可以只打印网页中的某个框架，打印有框架的页面的步骤如下。

步骤 1：在打印前，首先用鼠标在框架内单击一下，以选定相应的框架。

步骤 2：选择"文件"菜单中的"打印"命令，弹出"打印"对话框，如图 3-19 所示。

图 3-19 "打印"对话框

步骤3：进行相应设置。如果用户希望按照屏幕上的显示方式进行打印，在"打印框架"区域内选择"按屏幕所列布局打印"选项；如果用户希望单独打印每个框架，应选择"逐个打印所有框架"选项，则每个框架的内容作为单独打印的文档。

如果要最快地打印一个框架，在该框架内单击鼠标右键，然后在弹出的快捷菜单中选择"打印"命令。

（3）打印链接文档。如果用户希望同时打印链接到该页的所有页面，则在"打印"对话框中选择"打印所有链接的文档"复选框。在选择"按屏幕所列布局打印"选项后该选项不可用。

（4）打印链接列表。如果用户希望在文档结尾打印文档内的所有链接项列表，则在"打印"对话框中选择"打印链接列表"复选框。同样，在选择"按屏幕所列布局打印"选项后该选项不可用。

（5）打印图片。将鼠标移到要打印的图片上，单击鼠标右键，在弹出的快捷菜单中选择"打印图片"选项，便可以打印该图片。

◯◯（三）收藏网页

Internet Explorer 的收藏夹可以帮助用户有效地管理 URL。

收藏夹是一个文件夹，Internet Explorer 的收藏夹用于分类存储用户收集的网页地址，用户可以在该文件夹下建立子文件夹。

● 1. 将网页添加到收藏夹中

（1）进入需要收藏的网页，单击"收藏夹栏"最左侧的"添加到收藏夹栏"按钮，即可将当前网页添加至收藏夹。

（2）在页面中单击鼠标右键，在弹出的快捷菜单中选择"添加到收藏夹"命令，当出现"添加收藏"对话框时，在名称栏中输入有意义的名称，再单击"添加"按钮即可。如图 3-20 所示。

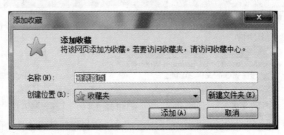

图 3-20　"添加收藏"对话框

● 2. 整理收藏夹

一般情况下，Internet Explorer 将收集的网页的 URL 存放在"Favorites"文件夹中。一旦用户收藏了大量的 URL，查找起来比较困难，较好的管理方式是对用户所收藏的 URL 进行分类管理，用户可以为每一类 URL 建立一个文件夹，将"Favorites"文件夹下的 URL 分门别类地放入不同的文件夹中。具体方法如下。

（1）选择"收藏夹"菜单中的"整理收藏夹"命令，弹出"整理收藏夹"对话框，如图 3-21 所示。

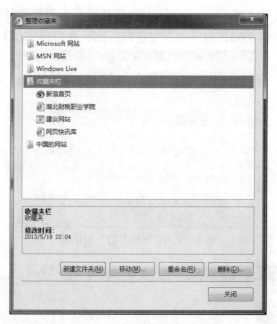

图 3-21　"整理收藏夹"对话框

（2）进行以下有关操作。

若要建立新文件夹，选择"新建文件夹"按钮。

若要对 URL 进行分类，选择"移动"按钮。

若要删除文件夹或收藏的网页，选择"删除"按钮。

若要修改文件夹或收藏的网页名称，选择"重命名"按钮。

● 3. 建立快捷方式

为了方便访问因特网，用户可以在桌面上为经常访问的网页建立快捷方式。建立快捷方式时，用鼠标右键单击网页，在弹出的快捷菜单中选择"创建快捷方式"即可。如果浏览器窗口没有最大化，也可以将链接直接从浏览器窗口中拖动到桌面上。

用户还可以将经常访问的网页的快捷方式放到桌面上的任务栏中或者"开始"菜单中。

能力提升

一、软件下载

（一）使用浏览器直接下载文件

一般而言，在 Internet 上允许下载的软件都是以压缩文件的形式提供的。如果需要下载某些软件，只需到相应的下载位置单击该超链接，单击之后打开的不是一个

Web 页面，而是一个文件下载的对话框，如图 3-22 所示。

在该对话框中单击"保存"按钮，将弹出"另存为"对话框。在对话框中设置保存位置和文件名，确定之后，Internet Explorer 将打开一个下载进程框，如图 3-23 所示，如果选中"下载完毕后关闭该对话框"复选框，那么此对话框在下载完后自动关闭。

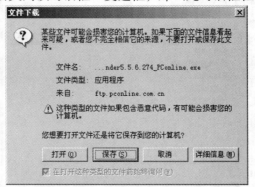

图 3-22　"文件下载"对话框

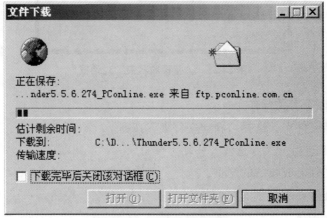

图 3-23　下载进程对话框

●●（二）利用迅雷下载

一般来说使用浏览器下载文件比较慢。为节约上网费用，用户可采用专用下载工具来下载。常用的下载工具有网络蚂蚁、网际快车、迅雷等。下面简单介绍迅雷的使用方法。

迅雷是一款基于多资源超线程技术的下载工具，能够有效降低死链比例，也就是说这个链接如果是死链，迅雷会搜索到其他有效链接来下载所需用的文件。该软件支持多节点断点续传，支持不同的下载速率，还可以智能分析出哪个节点上的下载速度最快来提高用户的下载速度，支持各节点自动路由，支持多点同时传送并支持 HTTP、FTP 等标准网络传输协议。

使用默认方式安装迅雷，安装完毕可自动启动迅雷，启动后的界面如图 3-24 所示。伴随迅雷一起打开的还有两个提示对话框。一个是"安装"提示对话框，提示用户打开新的 IE 窗口，IE 右键菜单就会显示"使用迅雷下载"命令，单击"确定"按钮，另一个是"迅雷每日提示"对话框,选择"不再显示此窗口"复选框,单击"关闭"按钮。

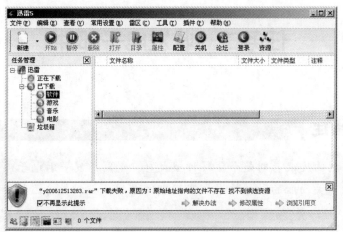

图 3-24　迅雷的界面

默认状态下,迅雷下载的文件会放在 C:\TDdownload 文件夹中。

使用迅雷软件的最大的优点在于,该软件可以下载其他下载软件不能下载的"死链"和"忙链",如果一个文件不存在了,使用迅雷还是有可能下载得到的。

任务二　收发电子邮件

任务描述

　　大学生小刘的父亲老刘是个蔬菜种植大户，老刘想发一封电子邮件给农业专家王教授，请教有关西瓜的种植技术。寒假期间老刘让小刘教自己如何进行电子邮件的收发。

任务实现

　　收发电子邮件是 Internet 提供的最普通、最常用的服务之一。通过 Internet 可以和网上的任何人交换电子邮件。

▶ 一、免费的电子信箱

　　很多站点提供免费的电子信箱，不管从哪个 ISP 上网，只要能访问这些站点的免费电子信箱服务网页，用户就可以免费建立并使用自己的电子信箱。这些站点大多是基于 Web 页式的电子邮件，即用户要使用建立在这些站点上的电子信箱时，必须首先使用浏览器进入，登录后，在 Web 页上收发电子邮件。也即所谓的在线电子邮件收发。

●●（一）建立信箱的方法

　　不同的服务器建信箱的方法略有不同。

　　例如，利用 http 协议访问网易主页，在域名为 www.163.com 服务器上建立信箱。操作步骤如下：

　　步骤1：启动IE10，在地址框中键入http：//www.163.com进入网易的主页（如图3-25所示）。

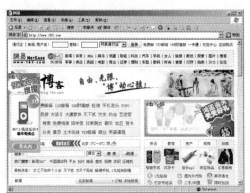

图 3-25　网易主页

步骤2：申请免费E-mail信箱，单击"免费邮箱"按钮，出现如图3-26所示的画面。

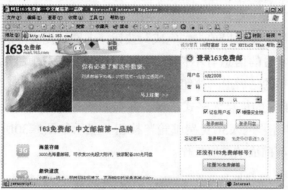

图3-26　登录对话框

如果是已登记的用户，可以输入用户名及用户口令，单击"登录邮箱"链接点查看自己的信箱。新用户单击"注册3G免费邮箱"链接点，出现如图3-27所示的页面。

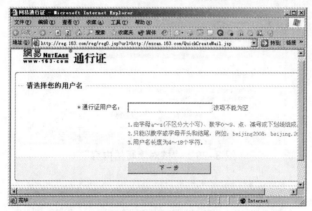

图3-27　"注册主页面"

步骤3：输入一个用户名，然后单击"下一步"按钮，如果用的名字已有人使用了，将提醒重新输入，否则弹出如图3-28所示的填写注册信息的页面。

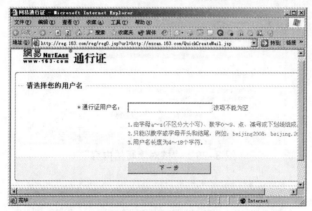

图3-28　填写注册信息的页面

用户按照表格填写一系列有关个人的资料，利用上下滚动条可看到姓名、性别、婚姻状况等等项目。其中画有＊的问题必须回答，否则该网站拒绝用户在此申请信箱。所有项目填写完毕后，就可以单击"完成"按钮，向网站提交申请。

步骤4：如果填写的信息有不符合网站要求的问题，网站将提醒在哪方面有错误，则用户单击IE10的"后退"按钮，修改填错的信息。

步骤5：如果填写的信息无格式错误，弹出如图3-29所示的页面，自己再检查一遍。核对无误后单击"进入3G免费邮箱"按钮，显示如图3-30所示的页面；若单击"取消"按钮则放弃前面的注册工作。

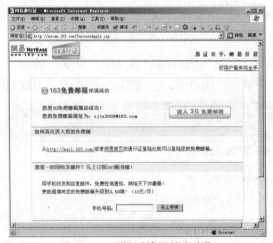

图 3-29 "核对填写的内容"

图3-30 进入网易邮箱

●●（二）免费电子信箱使用

完成了上述的申请操作后，就可以对免费的邮箱进行使用了。

● 1. 读邮件

选定需要读取的邮件，单击"收件箱"超链接，可弹出如图 3-31 所示的页面，阅读来信。

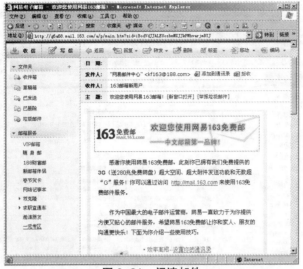

图 3-31　阅读邮件

由于是第一次使用，无信件（有的网站自动给新建信箱用户发一封欢迎信）。若有信件可双击信件名弹出信件内容。

● 2. 发信

单击"写信"按钮，可弹出如图 3-32 所示的写信页面。使用方法与使用 Outlook Express 相似，单击页面上各种工具按钮可执行各种功能。可利用此免费的电子信箱给自己发一封信，检查能否收到信件。单击"发送"按钮发出。

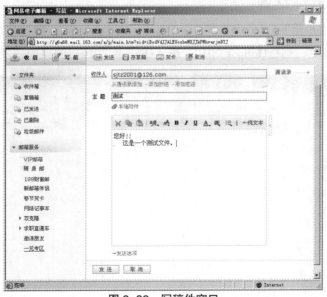

图 3-32　写稿件窗口

● 3. 邮箱配置

如果不满意默认的邮箱配置，则可以单击"选项"按钮，弹出图 3-33 的邮箱配置页面。单击相关的超级链接，自行设置。

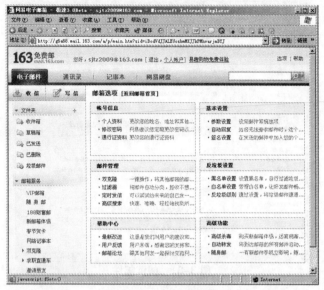

图 3-33 邮箱配置页面

二、Outlook 2010 的设置与使用

Outlook 是比较优秀的收发电子邮件客户端之一，利用 Outlook 可以方便地收发电子邮件、离线编辑电子邮件和管理电子邮件。

●●（一）启动 Outlook

依次单击"开始"|"所有程序"|"Microsoft Office"，找到并单击"Microsoft Outlook 2010"命令，运行Outlook 2010。进入Outlook 2010后的界面如图3-34所示。

图 3-34　Outlook 2010 界面

（二）建立与网络的连接

在使用电子邮件的收发功能之前，首先要使 Outlook Express 与 Internet 建立连接关系，进行用户账号设置，也就是申请合适的账号和信箱，并把申请到的账号添加到 Outlook Express 中。用户设置账号的步骤如下。

步骤1：单击"文件"｜"信息"菜单中的"添加帐户"命令。弹出"添加新帐户"对话框。

步骤2：选择"电子邮件帐户"选项，单击"下一步"进入"电子邮件帐户设置"。

步骤3：在"您的姓名"一栏中输入你的姓名，收信人收到你的电子邮件时将会看到这个名字。

步骤4：依次输入"电子邮件地址"、"密码"。"电子邮件地址"为已申请到的邮箱地址，如"hbcszyxy@qq.com"；"密码"处填入登录邮箱时的密码。单击"下一步"按钮。

步骤5：此时Outlook会自动联机搜索电子邮件服务器的配置，如自动配置不成功，则需手动进行配置。选择接收邮件服务器类型（POP3或IMAP）和接收邮件服务器地址（如QQ接收邮件服务器为pop.qq.com），以及发送邮件服务器（SMTP）地址（如QQ发送邮件服务器为smtp.qq.com）。具体设置信息可到邮箱网站上查询。

步骤6：依次填写完毕后，单击"下一步"按钮进行邮件收发测试，成功后如图3-35所示。

图3-35　电子邮件设置

步骤7：再次单击"下一步"按钮，屏幕上显示"恭喜您"，表明你已经成功设置了用户账号，然后选择"完成"按钮，结束设置。

（三）接收电子邮件

要接收电子邮件，先单击工具栏中的"发送/接收"按钮下载电子邮件，然后单击左侧文件夹列表中的"收件箱"，可以看到"收件箱"窗口。要查看某个电子邮件，在邮件列表中用鼠标双击此电子邮件。如果希望给发信人回信，则可在邮件窗口中单击"答复"按钮。

（四）阅读电子邮件

在 Outlook 自动下载完电子邮件或者单击工具栏中的"发送/接收"按钮接收到电子邮件后，用户可以在单独的窗口或预览窗口中阅读这些电子邮件，具体操作步骤如下。

步骤1：单击工具栏中的"发送/接收"按钮或者单击文件夹列表中的"收件箱"图标来打开收件箱。

步骤2：如果在预览窗格中查看电子邮件，可在邮件列表中单击该电子邮件，预览窗格中就会显示邮件的内容。

如果在单独的窗口中查看电子邮件，只需要在邮件列表中双击该电子邮件。

（五）编写与插入附件

1. 编写邮件

步骤1：单击"常用"工具栏的"新建电子邮件"按钮，这时会弹出"新邮件"对话框，如图3-36所示。

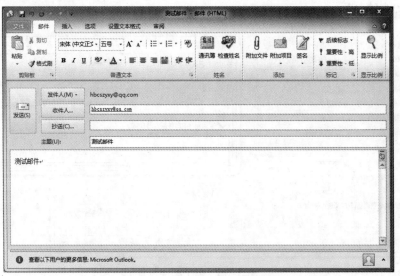

图3-36　"新邮件"对话框

步骤2：在"收件人"框内输入收件人的邮箱地址，在"抄送"框内输入要抄送的其他收件人的地址（可以不输入），在"主题"框内输入要发送邮件的主题（这里也可以不输入），这时就可以在下面的编辑窗口编辑邮件内容了。

步骤3：内容编辑完成后，单击工具栏上的"发送"按钮即可。

● 2. 插入附件

步骤1：在"新邮件"对话框中，分别输入收件人的地址、抄送的地址、主题后，选择"附加"命令，弹出"插入文件"对话框，如图3-37所示。

图 3-37　插入"附件"对话框

步骤2：选择作为附件的文件，然后单击"插入"按钮，或直接双击作为附件的文件，回到"新邮件"窗口，这时附件框内出现了插入的附件的名称，然后单击"发送"按钮。

●●（六）发送电子邮件

步骤1：在工具栏中，单击"新邮件"按钮，弹出发送邮件对话框。输入收件人的电子邮件地址，多个不同的电子邮件地址用逗号或分号隔开。如果要从通讯簿中添加电子邮件地址，可在快捷工具栏中单击"通讯簿"命令，然后在弹出的"选择收件人"对话框中选择要添加的地址。选择完毕后，单击"确定"按钮，如图3-38所示。

图 3-38　发送邮件对话框

步骤2：在"主题"框中键入邮件主题。

步骤3：撰写完邮件后，单击新邮件工具栏中的"发送"按钮。

步骤4：如果用户有多个邮件账号设置，并要使用默认账号以外的账号，则需在"文件"菜单中选择"发送邮件"，在弹出的多个账号中选择需要的邮件账号。

步骤5：如果要保存邮件的草稿以便以后继续编写，可单击"文件"|"保存"命令。也可以单击"另存为"，然后以邮件（.eml）、纯文本（.txt）或HTML（.htm）格式将邮件保存在系统中。

相关知识

▶ 一、电子邮件概念

电子邮件（Electronic Mail，简称 E-mail）就是通过计算机网络来发送或接收的信件。也就是常说的"伊妹儿"，以其方便和快捷的特点成为网上人们相互交流信息的主要手段之一。

▶ 二、电子邮件的特点

快速、便捷、便宜、信息多样、功能强大等。

▶ 三、电子邮件的地址格式

电子邮件地址的基本格式可以用下面的形式来表示，如图 3-39 所示。

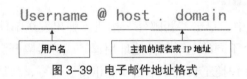

图 3-39　电子邮件地址格式

电子邮箱实际上是 ISP 提供给用户收发电子邮件时电子邮件存取的一个存储空间（一定的硬盘空间）。电子邮件地址是此电子邮箱的一个标识，指明了使用此电子邮箱的一个地址，且在 Internet 上是唯一的。所以，申请电子邮箱也就是向 ISP（Internet 服务商，如电信局等）申请为你提供一定的存储空间，并以一个电子邮件地址的形式来标识这一空间，供你存放信件以及提供其他相关服务。

▶ 四、POP 和 SMTP

POP 是收取邮件的服务器，收取邮件的工作就是由它来完成的。如 163 免费邮的 POP 是"pop.163.com"。

SMTP 是发送邮件的服务器，发送邮件的工作就是由它来完成的。如 163 免费邮的 SMTP 是"smtp.163.com"。

这两个服务器的地址或免费邮箱网站都由 ISP 提供，需要记住。

能力提升

一、Foxmail 的设置与使用

Foxmail 是国内著名的 Internet 电子邮件客户端软件，可以用来收发和管理电子邮件。它不仅简单易用，而且功能强大，非常适合国内的个人用户使用。

（一）安装 Foxmail

Foxmail 是一个免费软件，我们可以从网上下载该软件，然后安装。安装过程非常简单，只要根据提示安装完成即可使用。

安装完毕后，系统建立一个快捷图标，双击该快捷图标即可运行 Foxmail。

（二）设置 Foxmail

安装完毕后，首先设置用户的服务器和账户，然后才可以收发电子邮件。在"邮箱"菜单中选择"修改邮箱账户属性"命令，弹出"账户属性"对话框，如图 3-40 所示。在其中进行相应的设置。

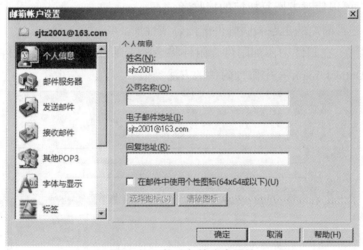

图 3-40　修改邮箱账户属性

● 1. 个人信息

在"账户属性"对话框中，选择"个人信息"选项卡，输入姓名、单位名称、电子邮件地址和回复地址等个人信息。

● 2. 电子邮件服务器

（1）在"账号属性"对话框中，选择"邮件服务器"选项卡。

（2）在"发送邮件服务器（SMTP）"栏中输入发送邮件的服务器。

（3）在"接收邮件服务器（POP3）"栏中输入接收邮件的服务器。一般 SMTP 服务器和 POP3 服务器属于同一个服务区。

（4）在"POP3邮箱账号"栏中输入POP3服务器的账号。注意只输入邮件地址和

"@"前面的部分。

（5）在"口令"栏中设置账号口令。

● **3. 设置其他信息**

在"设置"对话框中，依次选择"发送邮件"、"接收邮件"、"标签"、"网络"等选项卡，根据需要进行相应的设置。

●●（三）撰写和发送电子邮件

启动 Foxmail，打开 Foxmail 工作窗口，在"邮件"菜单中选择"写新邮件"命令或者单击工具栏中的"撰写"按钮，则 Foxmail 会显示"写邮件"窗口，如图 3-41 所示。写新电子邮件时，可以指定以下内容。

（1）收件人：指明收件人的地址，可以输入多个地址。

（2）抄送：电子邮件同时发送给要抄送的人。

（3）暗送：电子邮件同时发送给要暗送的人。这时接收者不会知道该邮件同时发送给了哪些人。

（4）返回地址：如果不指定返回地址，对方回复邮件时将回复给发件人，指定返回地址后，可以使对方回复指定的接收者。

（5）主题：简短的主题表明邮件的内容或性质。

（6）附件：在邮件中添加附件，附件将会随着邮件一起发送给收件人。添加附件的方法与 Outlook Express 中添加附件的方法类似。

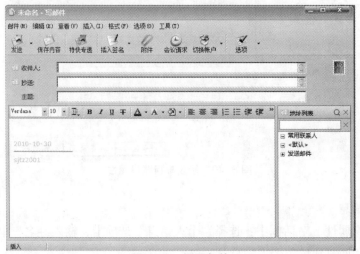

图 3-41　撰写邮件

收件人一栏用来填写收件人的邮箱地址，如果同时发送给多个收件人，直接填写多个人的收件地址即可，地址之间需用英文状态下的逗号分隔开。邮件撰写完毕后，单击常用工具栏中的"发送"按钮即可。

如果要回复别人发送来的邮件，可以从"邮件"菜单中选择"回复邮件"命令或者单击工具栏中的"回复"按钮进行操作。用户还可以进行转发和重新发送的操作。

●●（四）接收邮件

打开 Foxmail 窗口，在"文件"菜单中选择"收取新邮件"命令，弹出接收邮件对话框，并弹出"口令"对话框要求用户输入邮箱口令。

邮件接收完毕后，系统将显示一共收到多少封邮件。默认状态下，收到的邮件放在"收件箱"中，用户可以在"收件箱"中阅读接收到的邮件。

Foxmail 提供了丰富的邮件管理和邮箱管理功能，借助于这些功能，用户能非常方便地管理和组织邮件。

▶ 二、Blog（博客）

●●（一）什么是 Blog（博客）

Blog（博客）的全名是 Web log，中文意思是"网络日志"。

Blog（博客）其实就是一个网页，它通常是由简短且经常更新的帖子构成，这些张贴的文章一般都是按照年份和日期倒序排列的。Blog（博客）的内容和目的有很大的不同，从对其他网站的超级链接和评论，有关公司、个人构想到日记、照片、诗歌、散文种类繁多。许多 Blogs（博客）是个人心中所想之事的发表，个别 Blogs（博客）则是一群人基于某个特定主题或共同利益领域的集体创作。

Blogger 即指撰写 Blog 的人。Blogger 在很多时候也被翻译成为"博客"一词，而撰写 Blog 这种行为，有时候也被翻译成"博客"。

●●（二）Blog（博客）的分类

博客主要可以分为以下几大类：

【基本的博客】Blog（博客）中最简单的形式。单个的作者对于特定的话题提供相关的资源，发表简短的评论。这些话题几乎可以涉及人类的所有领域。

【微博】即微型博客，目前是全球最受欢迎的博客形式，博客作者不需要撰写很复杂的文章，而只需要抒写 140 字内的心情文字即可。

【家庭博客】这种类型博客的成员主要由亲属或朋友构成，他们是一种生活圈、一个家庭或一群项目小组的成员。

【协作式的博客】其主要目的是通过共同讨论使得参与者在某些方法或问题上达成一致，通常把协作式的博客定义为允许任何人参与、发表言论、讨论问题的博客日志。

【公共社区博客】公共出版在几年以前曾经流行过一段时间，但是因为没有持久有效的商业模型而销声匿迹了。廉价的博客与这种公共出版系统有着同样的目标，但是使用更方便，所花的代价更小，所以也更容易生存。

【商业、企业、广告型的博客】对于这种类型博客的管理类似于通常网站的 Web 广告管理。

【知识库博客】基于博客的知识管理将越来越广泛，使得企业可以有效地控制和管理那些原来只是由部分工作人员拥有的、保存在文件档案或者个人电脑中的信息资料。知识库博客提供给了新闻机构、教育单位、商业企业和个人一种重要的内部管理工具。

●●（三）常见 Blog（博客）站点简介

目前，各大门户网站都提供了博客的相关功能，其中比较有影响的有以下几个。

（1）QQ 空间。QQ 空间（Qzone）是腾讯公司于 2005 年开发出来的一个个性空间，具有博客（Blog）的功能，自问世以来受到众多人的喜爱。在 QQ 空间上可以书写日记，上传自己的图片，听音乐，写心情，通过多种方式展现自己。除此之外，用户还可以根据自己的喜爱设定空间的背景、小挂件等，从而使每个空间都有自己的特色。当然，QQ 空间还为精通网页的用户提供了高级的功能：可以通过编写各种各样的代码来打造自己的空间。

（2）网易博客。网易博客是网易为用户提供个人表达和交流的网络工具。在这里用户可以通过日志、相片等多种方式记录个人感想和观点，还可以共享网络收藏完全展现自我。通过排版选择用户喜欢的风格、版式，添加个性模块，更可全方位满足用户个性化的需要。网易博客于 2006 年 9 月 1 日正式上线。

（3）新浪博客。新浪网博客频道是全国最主流，人气颇高的博客频道之一。拥有娱乐明星博客、知识性的名人博客、动人的情感博客、自我的草根博客等。

（4）百度空间。百度空间，百度家族成员之一，于 2006 年 7 月 13 日正式开放注册，空间的口号是：真我，真朋友！轻松注册后，可以在空间写博客、传图片、养宠物、玩游戏，尽情展示自我；还能及时了解朋友的最新动态，从上千万网友中结识感兴趣的新朋友。分享心情，传递快乐。

此外还有 51 交友空间、搜狐博客、校内网博客、TOM 博客等众多的博客站点。

常用办公设备的使用

随着信息技术的发展，办公自动化已成为现代办公最重要辅助手段，了解办公自动化的基础知识，熟练掌握常用办公设备已成了办公用户最基本的要求。

任务一　办公自动化的基础知识

▶ 一、办公自动化的特点

利用计算机、通信和自动控制等技术与设备，实现办公业务的自动化，英文简称OA。它是提高办公效率、办公质量和实现科学管理与科学决策的一种辅助手段。

办公自动化可以解决人与办公设备之间的人机交互问题，有利于提高工作效率和服务质量并节约资源。办公自动化具有以下特点：

（1）集成化。软硬件及网络产品的集成，人与系统的集成，单一办公系统同社会公众信息系统的集成，组成了"无缝集成"开放式系统。

（2）智能化。面向日常事务处理，辅助人们完成智能性劳动，如汉字识别，对公文内容的理解和深层处理，辅助决策及处理意外等。

（3）多媒体化。包括对数字、文字、图像、声音和动画的综合处理。

（4）运用电子数据交换（EDI）。通过数据通讯网，在计算机间进行交换和自动化处理。这个层次包括信息管理型OA系统和决策型OA系统。

▶ 二、办公自动化的功能

办公自动化系统的主要功能主要包括以下几个方面：

（1）文字处理。办公业务中最大量的工作是文字处理，包括对中外文字进行编辑、排版、存储、打印和文字识别等功能。

（2）数据处理。包括数值型和非数值型办公信息的处理。

（3）资料处理。包括对各种文档资料进行分类、登记、索引、转存、查询和检索等。

（4）行政事务处理。包括机关本身的行政业务，如人事、工资、财务、营房、基建和办公用品等的管理。

（5）图形、图像处理。包括对图形和图像的输入、编辑、存储、检索、识别和输出等。

（6）语音处理。包括语音的输入、存储和输出，语音识别和合成以及语音和文字之间的转换等功能。

（7）网络通信。网络通信技术是实现办公自动化的关键技术之一。它可以沟通系统内部各部门之间的联系，实现信息交流，使办公人员更有效地共享办公自动化系统的资源，同时便于和外界的信息联系。

（8）其他。如信息管理、辅助决策、专家系统等功能。一个办公自动化系统的建立，其功能和规模视其目标而定，并根据不同的技术要求配置相应的各种功能设备和软件。

办公自动化是一项军民通用的综合性技术，在军事领域中应用，其可靠性、保密性、安全性和实时性等方面比民用要求更高、通信手段更多、信息综合处理能力更强，广泛应用于军事机关办公、军事训练、作战指挥、后勤保障等各个方面。

任务二　常用办公设备

在办公自动化中，用户需要熟练操作各类常见办公器材以提高工作效率。常见的电脑办公设备有电脑、打印机、复印机、扫描仪、传真机、投影仪、移动通讯设备、数码相机、移动存储设备等。

▶ 一、电脑

在办公自动化中，常用于办公的计算机有要有台式电脑、笔记本电脑和平板电脑等。如图4-1所示。这些电脑的主要特点是运算速度快、计算精度高、存储容量较大、价格适中。

图4-1　电脑

▶ 二、打印机

打印机是办公自动化中不缺少的一部分，是最要的输出设备之一。按照打印原理主要分为针式打印机，喷墨式打印机和激光式打印机、热敏式打印机等。如图4-2所示。

图4-2　打印机

▶ 三、复印机

复印机是书字、绘制或印刷的原稿中得到等倍、放大或缩小的复印品的设备。

复印机按工作原理，复印机可分为光化学复印、热敏复印、静电复印和数码激光复印四类，我们通常所说的复印机是指静电复印机，它是一种利用静电技术进行文书复制的设备。至今，复印机、打印机、传真机等已集于一体。如图4-3所示。

图 4-3　复印机

▶ 四、扫描仪

扫描仪，是利用光电技术和数字处理技术，以扫描方式将图形或图像信息转换为数字信号的装置。如果是图像，可以直接使用软件对图像进行加工；如果是文字，则可以通过 OCR 软件，把图像文本转换成电脑能够识别的文本文件。

常用扫描仪主要有手持式扫描仪、便携式扫描仪和滚筒式扫描仪等，如图 4-4 所示。

图 4-4　扫描仪

▶ 五、投影仪

投影仪又称投影机，是一种可以将图像或视频投射到幕布上的设备，可以通过不同的接口同计算机、VCD、DVD、BD、游戏机、DV 等相连接播放相应的视频信号。投影仪目前已广泛应用于家庭、办公室、学校或娱乐场所等。如图 4-5 所示。

图 4-5　投影仪

▶ 六、其他设备

在办公动化中，还常常用到其他办公设备，如移动硬盘、数据相机、录音笔、U 盘、传真机甚至手机等，这些设备往往必不可少，如 U 盘用来交换数据，手机用于存储或传送数据等。

任务三　使用常用办公设备

▶ 一、使用 U 盘拷贝数据

移动存储设备主要包括 U 盘、移动硬盘以及各种存储卡，甚至包括手机。使用这些设备可以方便地将信息存储、携带或传递其他电脑。

在 Windows 7 操作系统中使用 U 盘拷贝数据。

操作步骤如下：

步骤 1：将 U 盘插入到电脑主机的 USB 接品，在电脑任务栏的通知区域显示连接 USB 设备的信息图标"即表示已加载 U 盘。打开【计算机】窗口，即看到已加载的 U 盘驱动器"台电酷闪"，如图 4-6 所示。

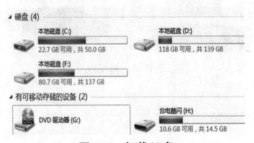

图 4-6　加载 U 盘

步骤 2：打开【计算机】窗口，双击【本地磁盘 E】，选中【考试素材】文件夹，按 Ctrl+C 键，复制【考试素材】。

步骤 3：切换到 U 盘驱动器窗口，按 Ctrl+V 即可将选中的文件夹复制到 U 盘中。

步骤 4：单击任务栏右边的 U 盘驱动器图标"，在弹出的菜单中，单击【安全退出】按钮，如图 4-7 所示。当出现【安全退出 U 盘】提示时，既可安全退出 U 盘，此时，用户可将 U 盘从电脑主机上拔出。

图 4-7　安全退出 U 盘

二、将数码相机中的数据导入电脑

数码相机的出现，扩大了现代摄影的范围，它具有数字化存取、与电脑交互处理和实时拍摄等特点，在办公自动化中，应用及其广泛。

将数码相机的照片导入电脑中的操作步骤如下：

步骤 1：关闭数码相机，使用数码相机的 USB 数据线将数码相机与电脑进行连接。打开数码相机的电源开关，系统将自动加载数码相机，加载结束将在任务栏的通知区域出现连接 USB 设备图标。

步骤 2：打开【计算机】窗口，即看到数码相机已作为【可移动磁盘（H）】被加载。如图 4-8 所示。

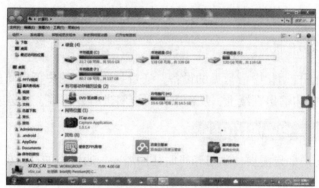

图 4-8　加载数码相机

步骤 3：打开【可移动磁盘（H）】，选中需要导入的照片，按 Ctrl+C 对其复制。

步骤 4：在【本地磁盘 E】中，打开要保存照片的【PHOTO】文件夹，按 Ctrl+V 键，即可完成数码相机照片的导入。

三、使用多功能一体机扫描图片

现在的多功能一体机通常具有打印、复印、扫描、传真功能，用户在办公过程中可以根据需要进行选择相应的功能。

使用 Lenovo M7205 多功能一体机扫描图片的操作步骤如下：

步骤 1：将要扫描的图片放入一体机中。

步骤 2：单击【开始】|【所有程序】|【Lenovo】|【M7205】|【ControlCenter3】，启动扫描仪程序，弹出【ControlCenter3】应用程序对话框。如图 4-9 所示。

图 4-9　启动扫描仪程序

步骤3：在扫描选中，单击【图像】按钮，弹出【正从多功能一体机读入】对话框，从中可以查看扫描进度。扫描结束，将扫描结果以 Windows 位图文件打开，如图 4-10 所示。

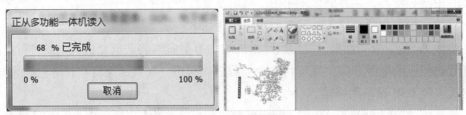

图 4-10　扫描图像

步骤4：对文件进行编辑修改后，单击【保存】按钮，保存文件。

▶ 四、添加打印机

打印机是办公自动化中最常见的设备，通过打印机，用户可以将电脑中编好的文档、图片等资料打印输出在纸上，从而方便将资料进行存存档、报送或作其他用途。

●●●（一）在 Win7 中添加打印机

WIN7 系统用户如果需要使用打印机时往往需要先通过添加打印机才能正常使用。在 WIN7 操作系统中添加打印机的操作步骤如下：

● 1. 连接打印机

目前，打印机接口有 SCSI 接口、EPP 接口、USB 接口三种。一般电脑使用的是 EPP 和 USB 接口，如果使用 USB 接口，可以使用其提供的 USB 数据线与电脑 USB 接口相连接，再接能电源即可。启动电脑后，系统会自动检测到新硬件，用户可按照提示进行安装，安装过程中只需要指定驱动器程序即可。

● 2. 安装打印机驱动器程序

步骤1：单击"开始"按钮，选择"设备和打印机"进入设置页面。如图 4-11 所示。注：也可以通过"控制面板"中"硬件和声音"中的"设备和打印机"进入。

图 4-11

步骤2：在弹出的"设备和打印机"窗口中，单击"添加打印机"。如图4-12所示。

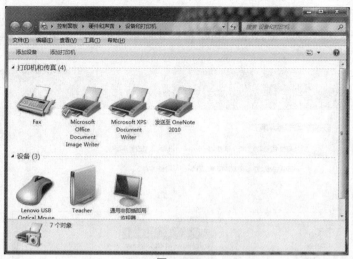

图 4-12

步骤3：在弹出的"添加打印机"窗口中，单击"添加本地打印机"按钮，弹出"选择打印机端口"界面，选择"LPT1：（打印机端口）"选项，单击"下一步"按钮。如图4-13所示。

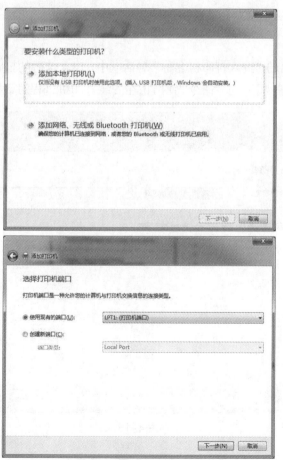

图 4-13

步骤 4：在弹出的"安装打印机驱动程序"窗口中，选择打印机的"厂商"和"打印机类型"进行驱动加载。（也可以选择"从磁盘安装"添加打印机驱动；或点击"Windows Update"按钮，然后等待 Windows 联网 检查其他驱动程序），单击"下一步"命令。如图 4-14 所示。

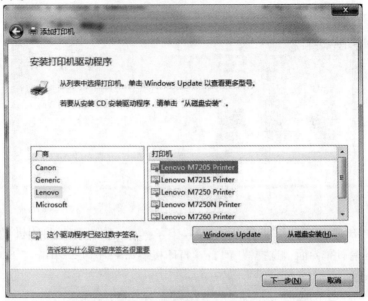

图 4-14

步骤 5：在弹出的"键入打印机名称"对话框中，输入合适的打印机名称如"Lenovo M7205 Printer"，单击"下一步"命令，弹出正在安装打印机进程对话框。如图 4-15 所示。

图 4-15

步骤6：在弹出的"打印机共享"窗口中，单击"不共享这台打印机"单选按钮。如图4-16所示。

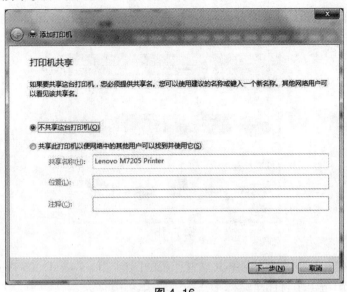

图 4-16

步骤 7：单击"下一步"按钮，弹出"您已成功添加打印机"按钮，设备处会显示所添加的打印机。用户一是可以勾选"设置默认为打印机"按钮，将此打印机设置为默认打印机。也可以单击"打印测试页"按饶检测设备是否可以正常使用。

步骤 8：单击"完成"按钮，完成打印机的添加。如图 4-17 所示。

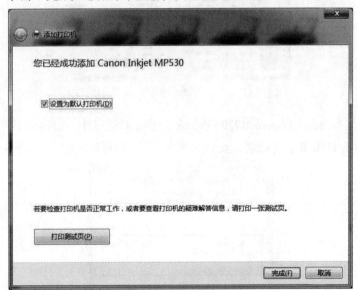

图 4-17

●●●（二）设置共享打印机

在办公室局域网中可以设置共享一台打印机，从而使局域网中的每台电脑都使用这台打印机打印文件。

设置 Lenovo M7205 打印机为共享打印机的操作方法如下：

步骤1：单击【开始】|【设备和打印机】命令，打印【设备和打印机】资源窗口。如图 4-18 所示。

图 7-18

步骤 2：右击需要设置为网络共享打印机的图标 "Lenovo M7205 Printer"，在弹出的快捷菜单中单击【打印机属性】命令。如图 4-19 所示。

图 4-19

步骤 3：在弹出的【Lenovo M7205 Printer 属性】对话框中，切换到【共享】选项卡，选中【共享这台打印机】复选框，设置共享名为 "网络打印机"。如图 4-20 所示。

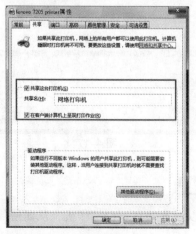

图 4-20

步骤4：选中【在客户端计算机上呈现打印作业】复选框。

步骤5：单击【确定】按钮，即可将这台打印机设置为网络共享打印机。

●●●（三）添加网络打印机

添加网络打印机的目的是使没有打印机的本地计算机也能拥有打印的功能。

添加网络打印机的操作步骤如下：

步骤1：单击【开始】|【设置和打印机】命令，打开【设备和打印机】窗口。如图4-21所示。

图 4-21

步骤2：单击【添加打印机】命令，在弹出【添中打印机】命令。如图7-22所示。

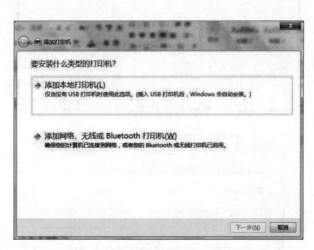

图 7-22

步骤3：在【添加打印机】对话框中，单击【添加网络、无线或Bluetooth打印机】按钮。弹出【添加打印机】对话框，同时显示正在搜索打印机以及搜索到的网络打印机列表。如图4-23所示。

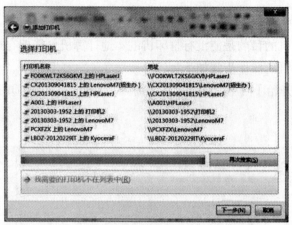

图 4-23

步骤4：选择需要添加的打印机项目，单击【下一步】按钮，弹出【Windows 打印机安装】对话框，同时显示正在完成安装进度。安装完成即弹出【添加打印机】窗口，并显示已成功添加打印机。如图4-24所示。

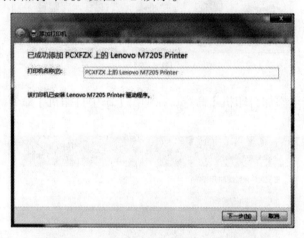

图 4-24

步骤5：在弹出的【添加打印机】对话框中，单击【下一步】按钮，显示你已成功添加网络打印机对话框，如果需要打印测试页，单击【打印测试页】命令。否则直接单击【完成】按钮，即完成网络打印的添加。如图4-25所示。

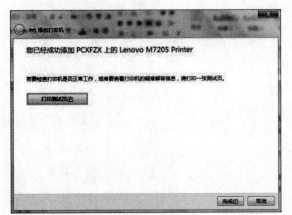

图 4-25